I0040897

NOTES DE SCIENCES PHYSIQUES ET NATURELLES

RÉSUMÉ DES LEÇONS DONNÉES AUX ÉLÈVES

DES ÉCOLES COMMUNALES DE LA VILLE DE BORDEAUX

Par MM. les Professeurs RAGAIN et LAVAL, licenciés ès-sciences

PHYSIQUE ET CHIMIE

PAR

E. LAVAL

TROISIÈME ÉDITION

BORDEAUX

IMPRIMERIE DE J. DELMAS

Rue Sainte-Catherine, 130

1889

TABLE DES MATIÈRES

PHYSIQUE

CHIMIE

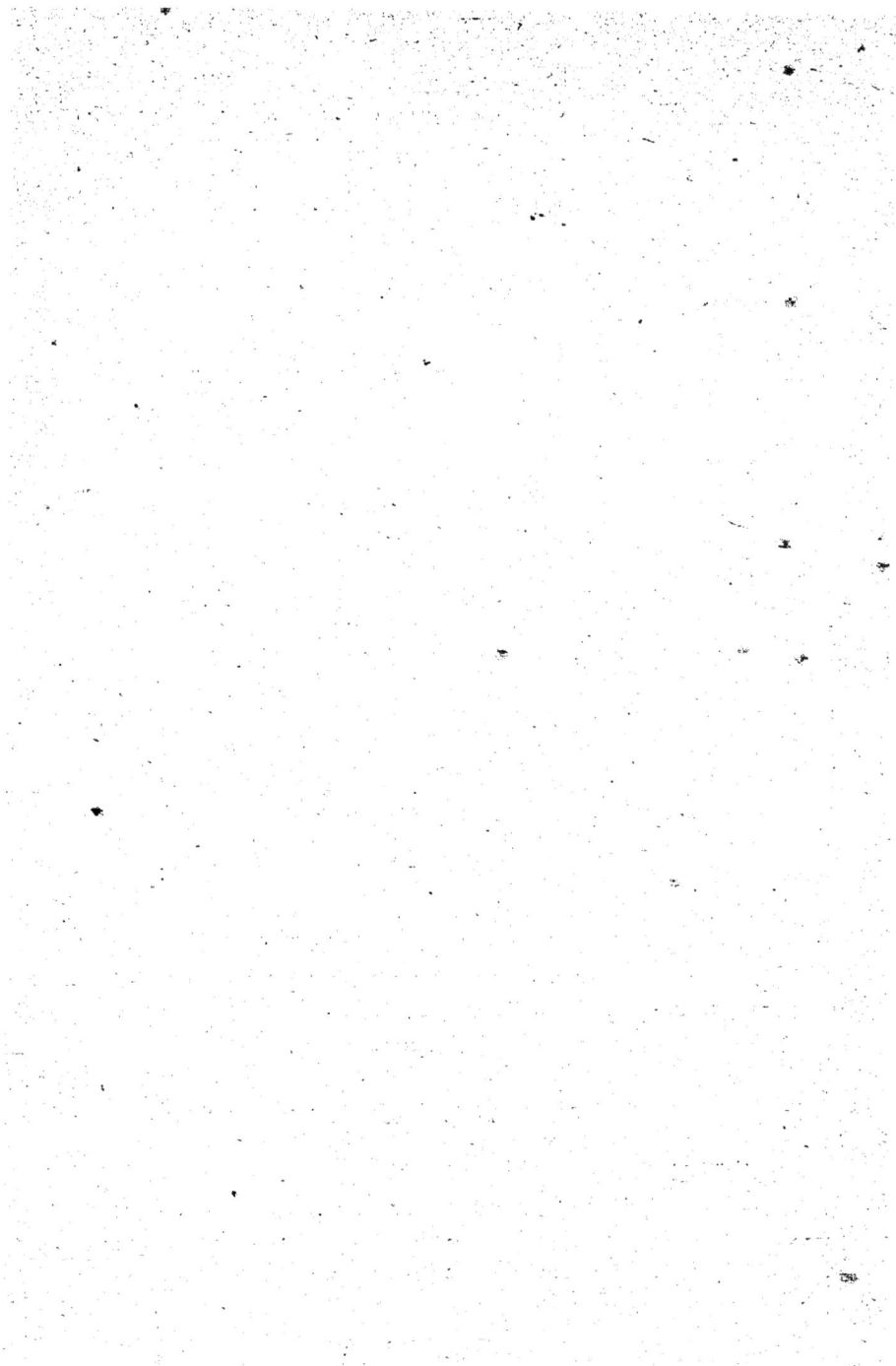

NOTES

DE PHYSIQUE ET DE CHIMIE

PREMIÈRE LEÇON

Sciences physiques. — Définitions.

1. On appelle *sciences physiques* les sciences qui ont pour objet l'étude des *phénomènes naturels*.

2. On entend par *phénomène naturel* toute modification que nous pouvons observer dans la matière.

3. Il y a deux sortes de phénomènes naturels :

1° Les *phénomènes physiques* : ceux qui n'apportent pas un changement définitif dans la matière.

Exemples : la chute d'une pierre, l'ébullition de l'eau.

La *physique* étudie ces sortes de phénomènes.

2° Les *phénomènes chimiques* : ceux qui apportent un changement définitif dans la matière.

Exemple : la combustion du charbon.

La *chimie* est la science qui étudie ces sortes de phénomènes,

4. On désigne par le mot *corps* une portion déterminée de la matière.

5. Les corps se présentent sous trois états : l'état *solide*, l'état *liquide* et l'état *gazeux* ou *de vapeur*.

6. L'*état solide* est caractérisé par l'adhérence plus ou moins forte des parties du corps. Les corps solides offrent une certaine résistance à la rupture et ont un volume et une forme déterminés.

7. L'*état liquide* est caractérisé par la mobilité des parties; les corps liquides prennent la forme des vases qui les renferment.

8. L'*état gazeux* ou *de vapeur* est caractérisé par l'*expansibilité*. Cette propriété fait que les gaz occupent toujours le plus grand volume possible. En vertu de l'expansibilité, ils exercent une pression sur les parois des vases qui les renferment.

9. Cette force d'expansion s'appelle la *force élastique* ou *tension* du gaz ou de la vapeur.

Expérience. — Pour prouver l'existence matérielle des gaz et leur force élastique, il suffit de plonger dans l'eau un verre retourné : l'eau n'y entre pas ; le verre contient donc déjà un corps, c'est l'*air*, et ce qui empêche l'eau d'entrer, c'est la force élastique de cet air.

10. Dans les solides et les liquides, on constate l'existence d'une force qui en fait adhérer plus ou moins les parties et qu'on appelle la *cohésion*.

Observation. — La goutte d'encre que l'on retire avec la plume d'un encrier prouve la cohésion du liquide ; elle prouve en outre l'adhésion du liquide à un corps solide, le fer de la plume.

PHYSIQUE[1]

LOI DE L'ÉLASTICITÉ DES GAZ OU LOI DE MARIOTE.

11. Les gaz sont parfaitement élastiques ; ce sont de vrais ressorts : plus on les comprime, plus leur tension augmente, mais, en même temps, plus leur volume diminue.

Il en résulte que : 1º pour faire occuper à une masse déterminée de gaz un volume, deux fois, trois fois plus petit, il faut exercer un effort ou *pression,* deux fois, trois fois plus grand.

2º Dans un réservoir supposé parfaitement résistant on peut, en augmentant la pression, faire entrer des quantités de gaz de plus en plus grandes ; mais la tension de ce gaz devient alors de plus en plus grande.

•12. Ce principe, appelé *Loi de Mariotte*, s'énonce ainsi : Les volumes d'une masse gazeuse sont en raison inverse des pressions qu'elle supporte ou de ses tensions.

---

(1) Les numéros et paragraphes marqués d'un astérisque (•) peuvent être passés dans une première étude.

*Formule mathématique représentant l'égalité de ces rapports inverses :

$$\frac{V}{V'} = \frac{P'}{P}$$

V est le volume, P la pression dans une certaine circonstance ; V' et P' le volume et la pression dans une autre circonstance (¹).

Expérience. — On connaît le jouet appelé *pistolet à vent*. Un tube est fermé à un bout par un bouchon ; on introduit par l'autre bout une tige de bois formant piston, que l'on pousse graduellement dans le tube. L'air intérieur diminue de volume, sa force élastique augmente et devient bientôt assez grande pour chasser violemment le bouchon.

PRINCIPES DE MÉCANIQUE.

13. On appelle *inertie* la propriété qu'ont tous les corps de ne pouvoir d'eux-mêmes modifier leur état de repos ou de mouvement.

14. Tout mouvement ou toute modification de mouvement a donc une cause ; c'est ce qu'on appelle *force*. Il faut trois choses pour déterminer une force :

1° Son *point d'application ;*

2° Sa *direction* : la ligne toujours droite suivant laquelle elle tend à entraîner le corps ;

3° Son *intensité,* c'est-à-dire l'énergie avec laquelle elle agit.

---

(1) Voir, pour la mesure des pressions, 3ᵉ Leçon, n° 8.

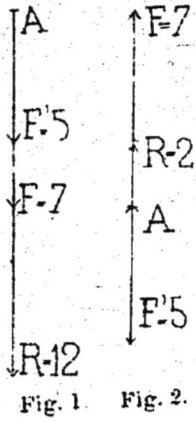

Fig. 1.   Fig. 2.

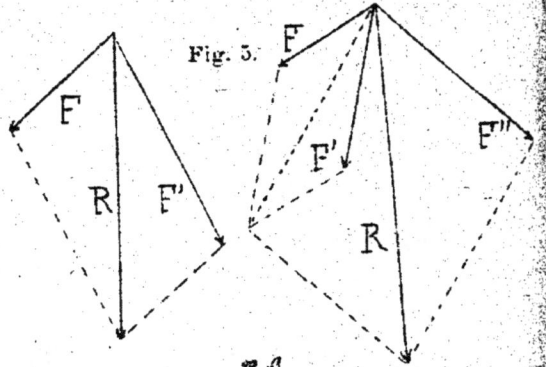

Fig. 5.

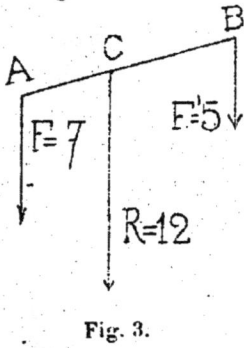

Fig. 3.

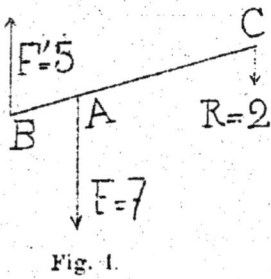

Fig. 4.

Pl. 1.

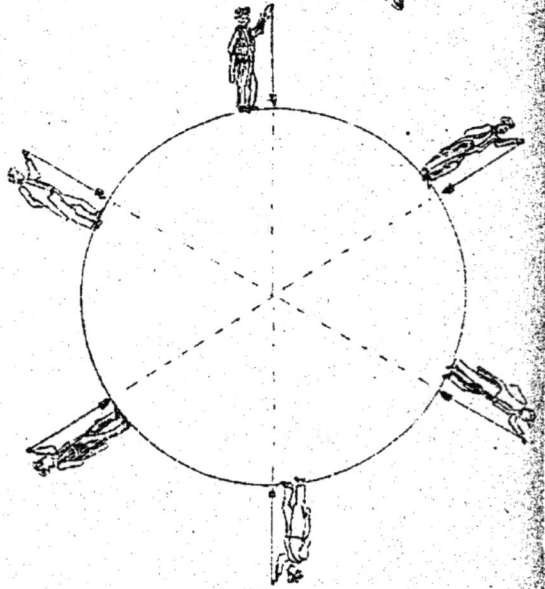

Fig. 6.— Verticales en divers points du globe.

*15. On représente géométriquement la direction d'une force par une ligne droite partant du point d'application sur lequel elle est censée tirer, et on représente son intensité par la longueur plus ou moins grande de cette ligne droite.

16. On appelle *résultante* de plusieurs forces, une force unique qui, à elle seule, produirait le même effet que ces forces.

17. Chercher la résultante de plusieurs forces s'appelle *composer* ces forces; celles-ci prennent alors le nom de *composantes*.

18. Chercher plusieurs forces qui feraient le même effet qu'une seule s'appelle *décomposer* cette dernière.

*19. Composition de deux forces.

1ᵉʳ Cas : Deux forces agissant suivant la même ligne et dans le même sens : leur résultante est égale à leur somme et tire dans le même sens (fig. 1, pl. I).

1ʳᵉ Force : F = 7 kil.

2ᵉ Force : F' = 5 k.

Résultante : R = F + F' = 12 kil.

2ᵉ Cas : Deux forces agissant suivant la même ligne, mais en sens inverse : leur résultante est égale à leur différence et tire dans le sens de la plus grande (fig. 2).

F = 7 k.

F' = 5 k.

R = F — F' = 2 k.

3ᵉ Cas : Deux forces parallèles et tirant dans le même sens : la résultante est égale à leur somme (fig. 3).

Formule qui donne la position du point d'application de la résultante :

$$\frac{AC}{BC} = \frac{F'}{F} = \frac{5}{7}$$

4e Cas : Deux forces parallèles et tirant en sens contraire : la résultante est égale à leur différence : elle a le sens de la plus grande (fig. 4, pl. I).

Formule qui donne la position du point d'application de la résultante :

$$\frac{AC}{BC} = \frac{F'}{F} = \frac{5}{7}$$

5e Cas : Deux forces de directions différentes agissant sur un même point : leur résultante s'obtient en grandeur et en direction en cherchant la diagonale du parallélogramme construit sur les deux composantes comme côtés adjacents (fig. 5, pl. I).

*20. **Composition de trois ou plusieurs forces.** — La résultante de plus de deux forces coucourantes ou parallèles s'obtient en composant d'abord deux d'entre elles, puis la résultante de celles-ci avec une troisième, et ainsi de suite.

*21. **Diverses sortes de forces.** — Au point de vue du mouvement produit, on distingue deux sortes de forces : les forces *instantanées,* telles que l'explosion de la poudre, le choc imprimé à une bille de billard, qui produisent un mouvement *uniforme;* et les forces *constantes,* qui continuant encore leur action pendant le mouvement du corps mobile, modifient à chaque instant ce mouvement.

22. Dans le mouvement uniforme, les espaces parcourus en temps égaux sont égaux. Le rapport de l'espace parcouru au temps est la *vitesse* : le nombre de kilomètres à l'heure que fait un train est la *vitesse* de ce train dont on suppose le mouvement uniforme.

23. Tout mouvement qui n'est pas uniforme est dit

varié. Il peut être *accéléré* ou *retardé* suivant que la force qui agit sur le corps en mouvement est de même sens que ce mouvement ou de sens contraire.

Pesanteur.

24. On appelle *pesanteur* la force qui fait tomber les corps.

25. Sa direction s'appelle *ligne verticale;* elle est donnée par le fil à plomb.

26. Toute ligne verticale est perpendiculaire à la surface de l'eau tranquille (plan horizontal).

27. Les corps qui tombent se dirigent vers le centre de la terre, et les verticales, en tous les lieux du globe, vont se rencontrer au même point (fig. 6, pl. I).

28. Tous les corps tombent en même temps *dans le vide.*

Quand on observe la chute de divers corps, on reconnaît que ceux qui présentent une grande surface sont considérablement retardés par la résistance de l'air; c'est pour cela que le principe ci-dessus n'est rigoureusement vrai que *dans le vide.*

Expérience. — Pour prouver que tous les corps tombent en même temps dans le vide, on se sert d'un long tube de verre d'où l'on peut retirer l'air au moyen de la machine pneumatique. Des objets divers (papier, plumes, balles de plomb) ont été placés d'avance dans le tube. En retournant celui-ci brusquement on voit tous ces objets tomber ensemble.

On peut aussi faire, sans machine pneumatique, une expérience qui prouve le même principe. On découpe un petit disque de papier exactement de la dimension d'une pièce de monnaie (par exemple d'une pièce de 10 centimes). On met le papier sur la pièce, puis, tenant celle-ci bien horizontalement entre deux doigts, on la laisse tomber d'une certaine hauteur : le papier la suit et tombe exactement avec elle, parce que la pièce, grâce à son poids, a pu refouler l'air ; le papier, profitant de la trouée, est tombé comme dans le vide.

29. La pesanteur communique des vitesses croissantes au corps qui tombe : il en résulte que le mouvement de ce corps est uniformément accéléré ; il parcourt 4ᵐ9 pendant la première seconde, et au bout d'un certain nombre de secondes, il a parcouru un espace égal à 4ᵐ9 multiplié par le carré de ce nombre de secondes.

30. Un corps lancé de bas en haut est retardé dans son mouvement par la pesanteur ; dans ce cas celle-ci est une force retardatrice.

*Formules du mouvement uniformément varié que prend un corps qui tombe librement dans le vide en partant du repos :

$$e = \frac{gt^2}{2} ; \qquad v = gt.$$

e espace parcouru ; t nombre de secondes ; v vitesse au bout de t secondes ; $g = 9^m8$ (accélération).

QUESTIONNAIRE.

1. Qu'appelle-t-on sciences physiques ? — 2. Qu'entend-on par phénomène naturel ? — 3. Combien y en a-t-il de sortes ? — 4. Que désigne t-on par le mot *corps ?* — 5. Quels sont les trois états des corps ? — 6. Qu'est-ce que l'état solide ? — 7. Qu'est-ce que l'état liquide ? — 8. Qu'est-ce que l'état gazeux ? — 9. Comment appelle-t-on la force d'expansion des gaz ? — 10. Qu'est-ce que la *cohésion ?* — 11. Les gaz sont-ils élastiques ? — 12. Énoncez la loi de Mariotte.

Principes de mécanique.

13. Qu'est-ce que la propriété d'*inertie* ? — 14. Qu'est-ce qu'une force ? — 15. Comment représente-t-on géométriquement une force ? — 16. Qu'appelle-t-on *résultante* de plusieurs forces ? — 17. Qu'est-ce que *composer* plusieurs forces ? — 18. Qu'est ce que *décomposer* une force en plusieurs autres ? —19. Comment compose-t-on deux forces dans les différents cas ? — 20. Comment compose-t-on trois ou plusieurs forces ? — 21. Combien peut-on distinguer de sortes de forces ? — 22. Qu'est-ce qu'un mouvement uniforme ? — 23. Qu'est-ce qu'un mouvement varié ?

Pesanteur.

24. Qu'est-ce que la pesanteur ? — 25. Quelle est sa direction ? — 26. Qu'est-ce que cette direction présente de particulier par rapport à la surface de l'eau tranquille ? — 27. Comment sont placées les verticales autour du globe terrestre ? — 28. Tous les corps tombent-ils de la même manière ? — 29. Quelle est l'espèce de mouvement que la pesanteur communique à un corps qui tombe ? — 30. Quel est l'effet de la pesanteur sur un corps lancé de bas en haut ?

DEUXIÈME LEÇON

Centre de gravité. — Équilibre.

1. Le *centre de gravité* d'un corps est le point d'application de son poids, considéré comme la résultante des actions de la pesanteur sur chacune de ses parties.

2. On désigne en général par le mot *équilibre* l'état d'un corps sollicité par plusieurs forces qui se détruisent mutuellement. Dans le cas de la pesanteur, l'équilibre a lieu quand le poids du corps est détruit par la réaction des points qui soutiennent le corps.

ÉQUILIBRE DES CORPS SOUTENUS PAR UN SEUL POINT.

3. Pour qu'un corps soutenu par un seul point soit en équilibre, il faut que ce point et le centre de gravité soient sur la même verticale.

4. Il en résulte trois cas d'équilibre :

1° L'*équilibre stable*. Le corps est suspendu par un point situé *au-dessus* du centre de gravité. Si on le dérange de cette position, il y revient de lui-même.

Exemple. — Un tableau accroché à un mur ; le balancier d'une horloge, quand il est en repos.

2° L'*équilibre instable*. Le corps est soutenu par un point situé *au-dessous* du centre de gravité ; si on le dérange, il ne revient pas à sa position première.

Exemple. — Un bâton que l'on essaie de soutenir par son bout inférieur.

3° L'*équilibre indifférent*. Le corps est soutenu par le centre de gravité lui-même. S'il peut tourner autour, on lui donnera la position qu'on voudra.

Exemple. — Un bâton que l'on soutient par son milieu ; une roue de voiture sur son essieu.

5. En résumé, l'équilibre est stable quand le centre de gravité est le plus bas possible.

Expérience. — Deux porte-plume piqués obliquement dans un bouchon de liège ; le bouchon se soutient sur la pointe d'une épingle ou sur l'extrémité du doigt.

ÉQUILIBRE DES CORPS SOUTENUS PAR PLUSIEURS POINTS.

6. La condition d'équilibre, sous l'action de la pesanteur, d'un corps soutenu par plusieurs points est que la

verticale qui passe par le centre de gravité tombe sur l'un de ces points ou entre ces points.

7. L'équilibre est instable s'il n'y a que deux points ou s'ils sont tous en ligne droite ; il est stable s'il y en a au moins *trois* non en ligne droite.

Observations et expériences. — Une table à trois pieds est toujours en équilibre. — Un livre mince se tient difficilement debout sur la tranche, si on l'ouvre il se tient en équilibre ; explication de la tour penchée de Pise, etc., etc.

Position du centre de gravité. — Le centre de gravité d'un corps de forme régulière est au centre géométrique quand il en existe un, comme dans une sphère, un cube, etc.; dans un rectangle, il est au point de rencontre des diagonales ; dans un triangle, au point de rencontre des médianes. — Si le corps est de forme irrégulière, on peut trouver son centre de gravité par le procédé suivant : on le suspend par un point quelconque. Le centre de gravité est sur la verticale qui passe par le point de suspension (principe de l'équilibre stable). On le suspend ensuite par un autre point ; le centre de gravité se trouve sur la nouvelle verticale du point de suspension : il est donc à l'intersection des deux.

ÉQUILIBRE DES LIQUIDES.

8. Un liquide est en équilibre sous l'action de la pesanteur, quand sa surface libre est plane et horizontale.

9. Si un même liquide est contenu dans plusieurs vases ou réservoirs communiquant par le bas, les sur-

faces supérieures sont toutes sur le même plan horizontal.

Application. — Le niveau d'eau des ingénieurs (fig. 7,
pl. II); le fonctionnement des écluses (fig. 8), etc.

Transmission des pressions par les liquides.

10. On considère les liquides comme incompressibles,
et ils ont la propriété de transmettre intégralement et
dans tous les sens les pressions qu'on exerce sur un de
leurs points. Si par exemple on exerce un effort de
1 kilo sur une surface de 1 centimètre carré dans un
vase fermé et rempli de liquide, chaque centimètre
carré pris n'importe où sur les parois du vase subira en
même temps un effort de 1 kilo.

Observation. — On brise une bouteille en frappant
sur le bouchon si l'on n'a pas pris la précaution de
laisser un peu d'air. En effet, l'effort se transmet
brusquement du bouchon au liquide et du liquide au
verre.

Application. — La presse hydraulique (fig. 9, pl. II).

PRESSION DUE AU POIDS DES LIQUIDES.

11. La pression que le liquide exerce en vertu de
son poids sur toute surface plongée dans son intérieur,
s'exerce non seulement de bas en haut, mais dans toutes
les directions.

12. Cette pression se calcule en prenant le poids du
volume liquide qu'on obtiendrait en multipliant la sur-

Fig. 7. — Niveau d'eau.

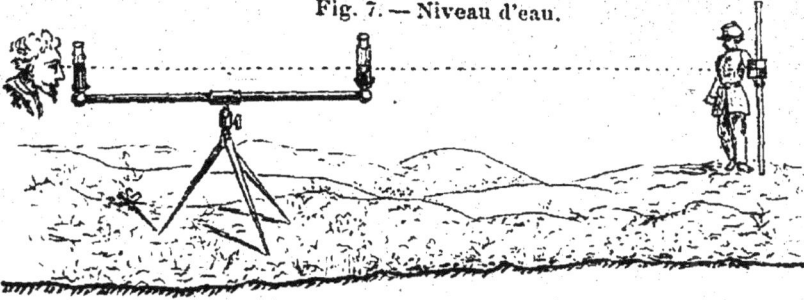

Fig. 8. — Fonctionnement des écluses.

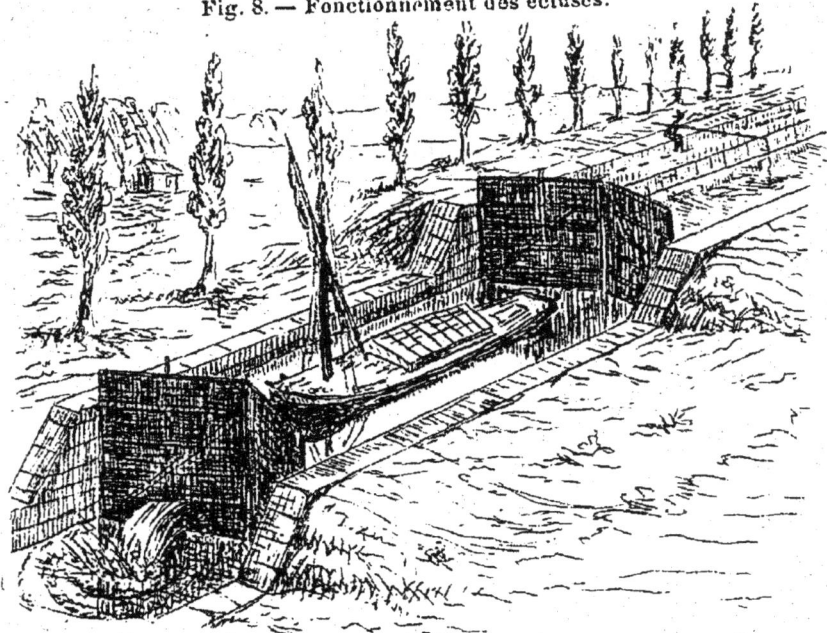

Fig. 15.

Fig. 9.— Presse
hydraulique

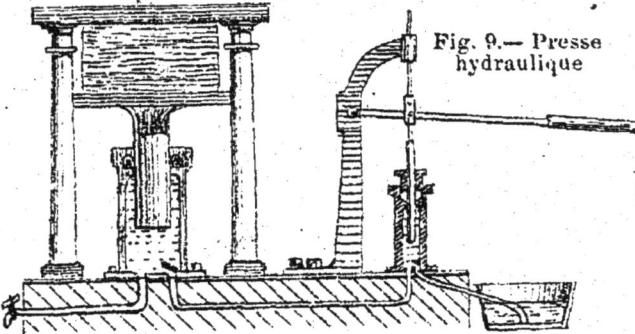

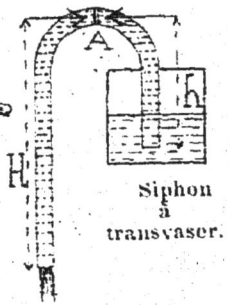

Siphon
à
transvaser.

Pl. II.

face considérée par sa distance au niveau du liquide en ligne verticale, quelle que soit la forme du vase.

Application. — Jet d'eau. — Sources. — Puits artésiens. — Ascenseurs et moteurs à colonne d'eau.

PRINCIPE D'ARCHIMÈDE

APPLIQUÉ AUX LIQUIDES.

13. Tout corps plongé dans un liquide subit une poussée de bas en haut égale au poids du liquide déplacé.

14. Cette poussée étant de sens contraire à la pesanteur, la situation d'un corps plongé présente trois cas :

1er CAS. *Le poids est plus grand que la poussée :* le corps tombe dans le liquide, mais éprouve une perte de poids égale à celui du liquide déplacé.

2e CAS. *Le poids est égal à la poussée :* le corps reste dans le liquide sans monter ni descendre .

3e CAS. *Le poids est plus petit que la poussée :* le corps s'élève dans le liquide et vient flotter à la surface.

PRINCIPE DE L'ÉQUILIBRE DES CORPS FLOTTANTS.

15. Tout corps flottant déplace un poids de liquide égal à son propre poids. En effet, le liquide déplacé mesurant la poussée doit avoir un poids égal à celui du corps pour annuler l'action de la pesanteur.

Applications. — Aréomètres ([1]).

(1) Voir l'explication des aréomètres, 4e Leçon, n° 17.

PRINCIPE D'ARCHIMÈDE APPLIQUÉ AUX GAZ.

16. Les gaz produisent aussi une poussée comme les liquides sur les corps qui y sont plongés, et cette poussée est égale au poids du gaz déplacé.

17. Si le poids du corps est plus fort que la poussée, le corps tombe, mais il éprouve une perte de poids égale au poids du gaz déplacé.

Si la poussée l'emporte, il monte : c'est le cas des aérostats.

Si les deux forces sont égales, le corps reste immobile : ce cas se présente souvent dans l'ascension des aérostats.

18. Un *aérostat* se compose d'une enveloppe qui renferme un gaz plus léger que l'air : hydrogène pur, gaz de l'éclairage, ou bien encore air chaud mêlé de vapeur d'eau, dans le cas des ballons dits *montgolfières*.

19. On appelle *force ascensionnelle* d'un aérostat la différence entre la poussée et le poids total de la machine, ce dernier comprenant : 1° le poids du gaz; 2° celui de l'enveloppe; 3° celui de tous les objets accessoires qu'il emporte.

QUESTIONNAIRE.

1. Qu'est-ce que le *centre de gravité* d'un corps? — 2. Qu'entend-on par le mot *équilibre*? — 3. Quelle est la condition d'équilibre d'un corps soutenu par un seul point ? — 4. Quels sont les trois cas d'équilibre? — 5. Quel est le cas dans lequel l'équilibre est toujours stable ? — 6. Quelle est la condition d'équilibre d'un corps soutenu par plusieurs points? — 7. Dans quels cas l'équilibre de ce corps est-il stable ou instable ? —

8. Quelle est la condition d'équilibre d'un liquide? — 9. En quoi consiste le principe des vases communiquants? — 10. Comment les liquides transmettent-ils les pressions? — 11. La pression due au poids du liquide s'exerce-t-elle seulement de haut en bas, ou bien dans toutes les directions? — 12. Comment calcule-t-on cette pression? — 13. Énoncez le principe d'*Archimède*. — 14. Quels sont les trois cas que présente la situation d'un corps plongé dans un liquide? — 15. Quel est le principe de l'équilibre des corps flottants? — 16. Le principe d'Archimède est-il applicable aux gaz? — 17. Quels sont les trois cas que présente la situation d'un corps plongé dans un gaz? — 18. Qu'est-ce qu'un aérostat? — 19. Qu'appelle-t-on *force ascensionnelle* d'un aérostat?

TROISIÈME LEÇON

La pression atmosphérique. — Le Baromètre. Mesure des pressions. — Les Pompes.

PRESSION ATMOSPHÉRIQUE.

1. L'*atmosphère* est une enveloppe d'air qui entoure le globe terrestre. Son épaisseur ne peut être donnée rigoureusement, parce que l'air y diminue graduellement de densité en s'éloignant de la surface de la terre; néanmoins on l'évalue à une centaine de kilomètres.

2. La *pression atmosphérique* est la pression que l'air exerce en vertu de son poids, dans tous les sens, sur tous les corps qui sont plongés dans l'atmosphère.

3. On mesure cette pression avec le *baromètre* (fig. 10), tube de verre fermé par le haut, ouvert par le bas et

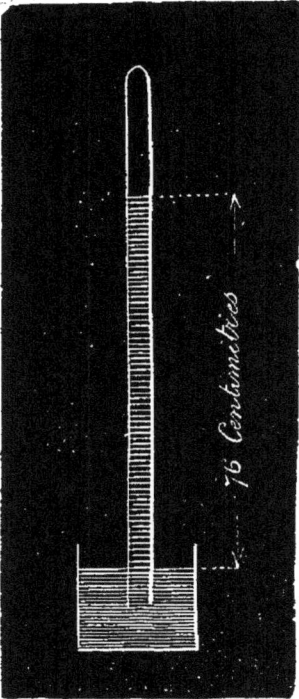

FIGURE 10.

plongeant, par son extrémité inférieure, dans une cuvette pleine de mercure. Ce liquide reste élevé dans le tube à une hauteur qui mesure la pression de l'air, puisque c'est cette pression elle-même qui soutient la colonne de mercure.

Au-dessus du niveau du mercure dans le tube il y a le vide.

4. **Valeur de la pression.** — Cette hauteur de mercure étant en moyenne, au bord de la mer, de 76 centimètres, et le mercure pesant 13 gr. 59 par centimètre cube, cela fait sur 1 centimètre carré un poids de $13^{gr}59 \times 76 = 1^k033$.

5. La colonne d'eau équivalente qui peut être soutenue par la pression atmosphérique doit peser aussi 1 kil. 033 sur 1 centimètre carré ; sa hauteur est donc de 10 mèt. 33 cent.

Expérience. — La pression atmosphérique s'exerce dans tous les sens. On démontre aisément qu'elle agit de bas en haut, au moyen de l'expérience suivante :

On remplit d'eau une bouteille ou un verre ; on fait glisser sur la surface de l'eau un morceau de papier, et on retourne le vase : l'eau ne tombe pas parce qu'elle est soutenue par la pression atmosphérique.

6. La pression atmosphérique diminue quand on

monte dans l'atmosphère ; on a établi une formule qui permet de calculer l'altitude d'un lieu d'après l'observation du baromètre, en tenant compte de cette diminution, mais elle est trop compliquée pour la donner ici. On peut admettre approximativement, pour de faibles altitudes, que 1 millimètre de diminution de la colonne barométrique correspond à 10 mèt. 50 d'élévation.

7. La pression atmosphérique varie aussi avec l'état de l'atmosphère ; elle diminue rapidement à l'approche des orages et son observation est utilisée en météorologie pour la prévision du temps.

Graduation du baromètre. — Dans les baromètres ordinaires, le mot *variable* correspond à la pression moyenne du lieu où l'on est. Les autres indications de *beau, pluie,* etc., n'ont aucune valeur absolue.

Diverses formes de baromètre. — **Baromètre à siphon :** 2 branches inégales, la grande est fermée, la petite est ouverte. Comme cette dernière est beaucoup plus large, le niveau du mercure n'y varie pas sensiblement ; on y place le zéro de la graduation en centimètres et millimètres.

Baromètre métallique : Une petite boîte ou tambour plat est absolument vide d'air. Ses deux surfaces planes sont maintenues par un ressort que la pression atmosphérique fait fléchir si elle augmente. Une aiguille indique ces mouvements sur un cadran.

MESURE DES PRESSIONS, MANOMÈTRES.

8. La pression atmosphérique sert d'unité pour mesurer toute autre pression. On donne à cette unité le

nom d'*atmosphère*; une atmosphère vaut 1 kil. 033 par centimètre carré.

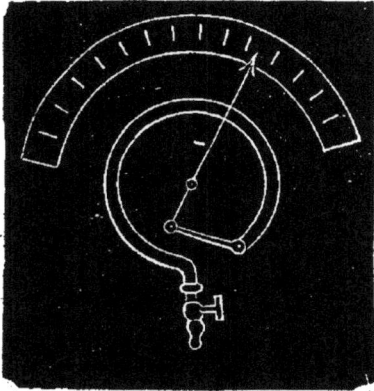

FIGURE 11.

9. Les instruments qui servent à mesurer les pressions s'appellent des *manomètres*. Les chaudières de machines à vapeur sont munies en général du manomètre *Bourdon*, qui se compose d'un tube de laiton aplati (fig. 11) et en partie enroulé en arc de cercle. Ce tube, fermé à un bout, reçoit la vapeur par l'autre : la pression intérieure a pour effet de tendre à dérouler le tube, et ce mouvement se communique par l'intermédiaire de leviers à une aiguille qui indique la pression sur un cadran.

Mesure des pressions.— On rencontre aujourd'hui beaucoup de manomètres gradués en kilogrammes par centimètre carré. L'*atmosphère* valant 1 k. 033, il y a peu de différence entre ces deux sortes d'unités.

Des pompes.

10. **Pompe aspirante ou pompe élévatoire** (fig. 12).— *Description :* Cylindre ou corps de pompe; tuyau d'aspiration débouchant dans le corps

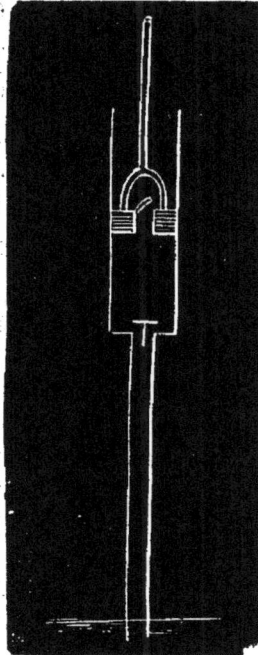

FIGURE 12.

de pompe par une soupape s'ouvrant de bas en haut; piston percé d'une ou de plusieurs ouvertures munies également de soupapes s'ouvrant de bas en haut.

Fonctionnement. Quand le piston se soulève, l'air contenu dans le tuyau d'aspiration passe en partie dans le corps de pompe; quand il s'abaisse, cette première portion de l'air est chassée à travers la soupape du piston, puisque celle du tuyau d'aspiration lui ferme le passage. Pendant ce temps l'eau du puits commence à monter dans le tuyau, poussée par la pression atmosphérique qui s'exerce sur sa surface autour du tuyau. fois engagée dans le tuyau, cette eau ne retombe pas, même pendant la descente du piston, car à ce moment la soupape du tuyau est fermée. Lorsque l'eau est arrivée au haut du tuyau, c'est elle, à son tour, qui passe par la soupape et remplit le corps de pompe.

A partir de ce moment, on dit que la pompe est *amorcée*, et chaque fois que le piston remonte, il déverse au dehors l'eau qui a passé au-dessus de lui.

11. *Limite de hauteur du tuyau d'aspiration.* Puisque c'est la pression atmosphérique qui fait monter l'eau dans le tuyau d'aspiration, et que cette pression équivaut à une colonne d'eau de 10 mèt. 33, on ne peut pas élever l'eau au-delà de cette hauteur.

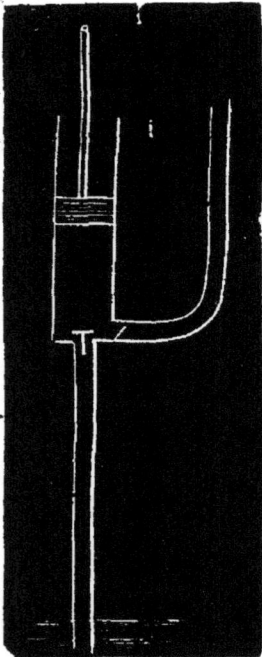

FIGURE 13.

Pompe foulante (fig. 13). — Le piston n'a pas

d'ouverture, l'eau s'échappe latéralement par un tuyau de refoulement s'ouvrant de dedans en dehors. Cette pompe est dite *aspirante et foulante,* quand elle va puiser l'eau à une certaine profondeur au moyen d'un tuyau d'aspiration.

13. **Pompes à gaz et machines pneumatiques.** — Les pompes peuvent aussi fonctionner dans l'air ou tout autre gaz ; les pompes aspirantes s'appellent alors, en général, *machines pneumatiques*, et les pompes foulantes, *machines de compression.*

14. La machine pneumatique des laboratoires de physique (fig. 14) a pour but de faire le vide dans un

FIGURE 14.

récipient. Son fonctionnement s'explique d'une manière analogue à celui de la pompe aspirante.

Avec cette machine on ne peut jamais faire le vide d'une manière absolue parce qu'on n'enlève à chaque coup de piston qu'une fraction de plus en plus petite de la quantité d'air restante.

15. **Machines pneumatiques industrielles.** — L'industrie emploie des machines dites à *double effet*, dont la construction est la même, qu'elles soient employées à aspirer l'air ou à le comprimer. Un piston plein, se mouvant dans un cylindre, aspire d'un côté et refoule de l'autre; le jeu des soupapes placées aux extrémités du cylindre permet d'utiliser l'aspiration et la compression.

Application. — Les machines pneumatiques servent, comme pompes aspirantes, pour l'aérage des mines, l'ébullition des sirops de sucre dans le vide, la fabrication de la glace, les appareils de vidanges; comme pompes de compression, elles servent pour les moteurs à air comprimé, les scaphandres, les souffleries des hauts-fourneaux, etc.

16. **Siphon à transvaser.** — Tube recourbé dont les deux branches sont d'inégale longueur. On *amorce* le siphon en le remplissant préalablement du liquide à transvaser, puis on plonge la plus courte branche dans le vase qui contient ce liquide, et l'écoulement se produit d'une manière continue.

*17. *Explication de l'écoulement des liquides dans le siphon* (fig. 15, pl. II).— Considérons une tranche verticale A prise au sommet de la courbure du tube. La pression qui lui est transmise par le liquide de droite à gauche est égale à la pression atmosphérique diminuée du poids de la colonne liquide h de la petite branche, soit P — h; la pression qu'elle reçoit au contraire de gauche à droite est égale à la pression atmosphérique diminuée de la colonne de liquide contenue dans la grande branche, soit P — H. La différence est en faveur de la première pression, donc le liquide est entraîné de droite à gauche, c'est-à-dire de la petite à la grande branche.

QUESTIONNAIRE.

1. Qu'est-ce que l'atmosphère? — 2. Qu'est-ce que la pression atmosphérique? — 3. Comment mesure-t-on cette pression? — 4. Quelle est sa valeur en kilogrammes sur un centimètre carré? — 5. Quelle est la hauteur d'eau équivalente à la pression atmosphérique? — 6. Comment varie la pression atmosphérique avec l'altitude? — 7. Comment varie-t-elle avec l'état de l'atmosphère? — 8. De quelle unité se sert-on pour mesurer les pressions en général? — 9. Quels sont les instruments qui servent à mesurer les pressions? — 10. Faites la description de la pompe aspirante. — 11. De quelle profondeur maximum peut-on élever l'eau? — 12. Décrivez la pompe foulante. — 13. Les pompes sont-elles employées aussi pour les gaz? — 14. Qu'est-ce que la machine pneumatique? — 15. Comment sont construites les machines pneumatiques industrielles? — 16. Décrivez le siphon. — 17. Pourquoi le liquide s'écoule-t-il de la petite à la grande branche du siphon?

QUATRIÈME LEÇON

LES POIDS ET LES BALANCES

POIDS D'UN CORPS.

1. Le poids d'un corps est la pression qu'il exerce sur l'obstacle qui l'empêche de tomber.

* C'est la résultante des actions de la pesanteur sur chacune de ses parties, voilà pourquoi le poids sert de mesure à la quantité de matière dans les corps de même espèce.

2. On détermine le poids d'un corps au moyen des *pesons à ressort* ou *dynamomètres* et des *balances* de diverses sortes.

3. Les *pesons* ou *dynamomètres* se composent tous d'un ressort métallique que le poids du corps tend plus ou moins. On mesure le déplacement de ce ressort. Les plus simples de ces instruments sont formés de deux tubes emboîtés l'un dans l'autre et contenant un ressort à boudin.

4. Les *balances* de diverses sortes reposent toutes sur le principe des leviers.

Balance ordinaire. — Levier à bras égaux, *fléau* (fig. 16), mobile autour d'un petit axe transversal, le *couteau*, situé un peu au-dessus du centre de gravité. Le fléau se place horizontalement en équilibre stable. Plateaux

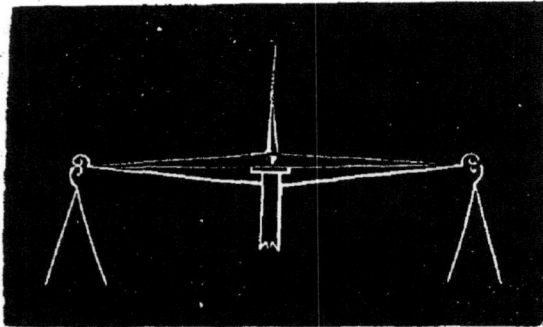

FIGURE 16.

de poids égaux suspendus aux extrémités du fléau.

Quand on place le corps à peser dans l'un des plateaux l'équilibre est rompu ; les poids marqués qu'on met du côté opposé pour le rétablir représentent le poids du corps.

5. Une balance doit présenter deux qualités : la justesse et la sensibilité.

6. Une balance est dite *juste* lorsque les poids qui se font équilibre dans les deux plateaux sont rigoureusement égaux.

Conditions de justesse d'une balance. — Égalité
de longueur et de poids des deux bras du fléau; égalité
de poids des deux plateaux.

7. La *sensibilité* est la propriété de pouvoir évaluer
les poids les plus forts possibles avec la plus grande
approximation. On exige pour les usages du commerce
une sensibilité qui permette de compter sur trois chiffres certains dans la pesée. Ainsi une balance de la
force de 1 kilog. devra être sensible au gramme; une
balance de 10 kilog. doit être sensible au décagramme.

Conditions de sensibilité. — Fléau très léger et à
bras aussi longs qu'on le peut sans compromettre leur
rigidité; centre de gravité très près du couteau. On fait
des balances de précision qui donnent quatre et cinq
chiffres assurés.

Si on veut vérifier la sensibilité d'une balance, il
faut auparavant charger ses plateaux des poids maximum qu'ils peuvent porter, car il est alors bien plus
difficile au petit poids qu'on ajoute de mettre toute la
masse en mouvement.

8. **Méthode de la double pesée,** recommandée dans
le cas où l'on n'est pas sûr de la justesse d'une balance :

1º Équilibrer le corps à peser avec de la grenaille
de plomb ou tous autres objets placés de l'autre côté
(tare) ;

2º Enlever le corps à peser et le remplacer par des
poids marqués jusqu'au rétablissement de l'équilibre.

Le corps et les poids marqués se trouvant ainsi suspendus successivement au même bras de levier, doivent
être égaux pour produire le même effet.

9. Balance de Roberval (fig. 17). — Elle ne diffère de la balance ordinaire qu'en ce qu'il y a deux fléaux

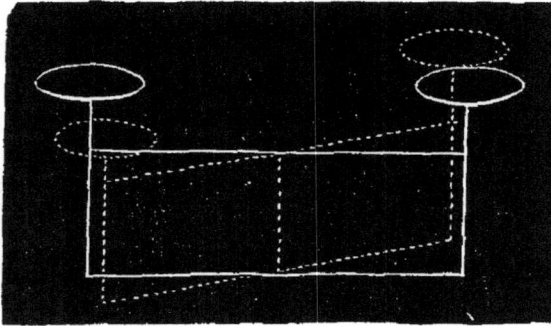

FIGURE 17.

parallèles et égaux, reliés par des tringles verticales égales. Le tout forme ainsi un parallélogramme articulé dont les côtés verticaux supportent les plateaux.

Cette disposition est plus commode quand on doit peser des objets volumineux.

Poids spécifiques ou densités

10. Le poids spécifique ou densité d'un corps *solide* ou *liquide* est le rapport de son poids à celui d'un égal volume d'eau.

11. Si on exprime le poids et le volume en unités concordantes (kilog. et décim. cube, gramme et cent. cube), on peut se servir de cette autre définition :

Le poids spécifique est le poids de l'unité de volume.

12. On l'obtient en divisant le poids par le volume. Formules :

$$D = \frac{P}{V}, \qquad P = V \times D, \qquad V = \frac{P}{D}.$$

13. La recherche expérimentale des poids spécifiques des solides et des liquides se réduit donc à celle des poids et des volumes de ces corps.

Dans le cas des solides de forme irrégulière ou des objets en poudre, on détermine le volume en cherchant la perte de poids dans l'eau (principe d'Archimède).

14. Le *poids spécifique* d'un gaz, défini par le poids de l'unité de volume, varie avec sa force élastique et sa température.

Loi de Mariotte :

$$\frac{V}{V'} = \frac{F'}{F}.$$

Or les poids spécifiques sont en raison inverse des volumes :

$$\frac{V}{V'} = \frac{D'}{D}.$$

Donc ils sont proportionnels aux forces élastiques :

$$\frac{F'}{F} = \frac{D'}{D}.$$

15. Il est d'usage de remplacer pour les gaz, le poids spécifique par le *poids du litre* exprimé en grammes, et pris à la température zéro et à la pression 760^{mm}.

16. On désigne plus particulièrement sous le nom de *densité d'un gaz* le rapport du poids d'un certain volume de ce gaz au poids du même volume d'air pris dans les mêmes conditions de température et de pression.

Formule qui donne le poids d'un volume V de gaz à une pression H, quand on connaît le poids du litre p à la pression 760 :

$$P = Vp\,\frac{H}{760}. \quad (1)$$

---

(1) La formule de la variation du poids des gaz avec la température sera donnée à la suite des loi de la dilatation.

POIDS SPÉCIFIQUES OU DENSITÉS.

Métaux.

Or	19.0
Mercure	13.5
Plomb	11.0
Argent	10.4
Cuivre	8.8
Acier	7.8
Fer	7.7
Fonte	7.2
Zinc	6.8

Matériaux de construction.

Marbre	2.7
Calcaire tendre	2.0
Ardoise	2.6
Granite	2.7
Brique	2.2
Bois durs (a) . . . de 0,85 à	1.00
Bois légers . . . . de 0.40 à	0.60

Corps solides divers.

Verre	2.40
Houille	1.30
Glace	0.93
Liège	0.24
Soufre	2.00

Liquides.

Eau	1.00
Lait	1.30
Eau de mer	1.20
Acide sulfurique	1.85
Vin	0.99
Huile d'olive	0.91
Essence de térébenthine . .	0.86
Eau-de-vie	0.86
Esprits	0.83
Alcool pur	0.79
Éther	0.73
Sulfure de carbone	1.26

POIDS DE 1 LITRE DE DIVERS GAZ, A ZÉRO ET SOUS LA PRESSION DE 760^{mm}.

Air	1^{gr}293	Acide carbonique	1^{gr}977
Hydrogène	0 089	Vapeur d'eau	0 806
Oxygène	1 430	Gaz de l'éclairage (environ)	0 600

ARÉOMÈTRES.

17. On appelle *aréomètres* des instruments flotteurs qui servent à apprécier le poids spécifique d'un liquide par la profondeur à laquelle ils s'enfoncent.

(a) La plupart des bois sont plus lourds que l'eau quand on les prend en poudre fine ; mais les nombres ci-dessus sont relatifs au volume apparent, afin qu'on puisse s'en servir pour calculer le poids des bois de construction, d'après leur volume extérieur.

18. Ils se composent (fig. 18) d'un tube de verre exactement cylindrique, soudé au-dessus d'une ampoule servant de flotteur et lestée elle-même par une seconde ampoule plus petite, renfermant du mercure ou des grains de plomb. Plus le liquide dans lequel on plonge l'instrument est lourd, moins celui-ci s'enfonce, puisque son poids, qui est toujours le même, doit être égal à la poussée (principe des corps flottants).

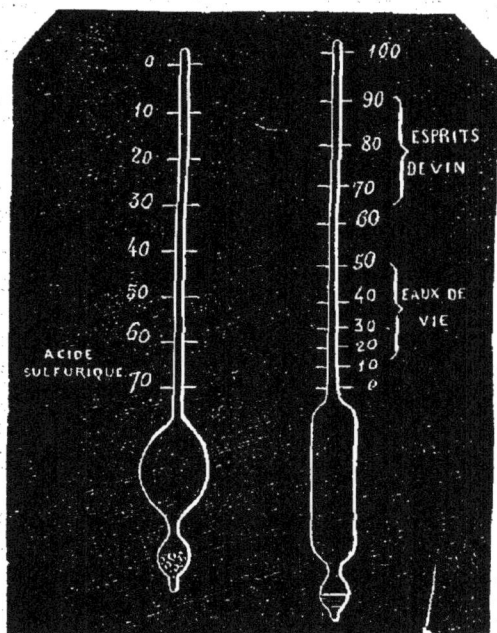
FIGURE 18.

19. Les graduations portées sur les tiges de ces appareils sont de plusieurs sortes, suivant l'usage auquel on les destine. Pour apprécier au point de vue commercial la pureté ou la densité d'un liquide, on se sert de la graduation *Baumé;* ces instruments portent alors le nom de *pèse-acide, pèse-sel, pèse-sirop,* quand ils servent à des liquides plus denses que l'eau, et *pèse-esprit* quand ils servent à des liquides moins denses.

20. Pour connaître exactement la quantité d'alcool que contient un mélange de ce liquide avec de l'eau, on se sert de l'aréomètre de Gay-Lussac, portant la *graduation centésimale,* et que l'on appelle alors *alcoo-*

mètre. Cette graduation donne, par une simple lecture, la proportion d'alcool (en volume) contenue dans 100 parties de liquide. Mais tous les liquides variant de volume suivant la température, on doit faire subir au degré constaté une petite correction en observant le thermomètre et consultant une table dressée à cet effet.

21. L'alcoomètre centésimal ne peut donner le degré que des liquides exclusivement composés d'eau et d'alcool : eaux-de-vie, esprits, etc. Les liquides alcooliques qui contiennent en dissolution des matières étrangères, c'est-à-dire le vin, la bière, les liqueurs, doivent être distillés préalablement. On opère ensuite l'essai alcoométrique sur le liquide ainsi séparé.

QUESTIONNAIRE.

1. Qu'est-ce que le poids d'un corps ? — 2. Comment le détermine-t-on ? — 3. De quoi se composent les pesons ou dynamomètres ? — 4. Décrivez la balance. — 5. Quelles sont les deux qualités que doit présenter une balance ? — 6. Quand est-ce qu'une balance est dite *juste ?* — 7. Qu'est-ce que la sensibilité ? — 8. En quoi consiste la méthode de la double pesée ? — 9. Décrivez la balance de Roberval.

Poids spécifiques.

10. Qu'est-ce que le poids spécifique d'un solide ou d'un liquide ? — 11. Donnez une autre définition. — 12. Comment le calcule-t-on ? — 13. Comment détermine-t-on par l'expérience les densités des corps ? — 14. Le poids spécifique d'un gaz est-il constant ? — 15. Par quoi remplace-t-on dans la pratique le poids spécifique des gaz ? — 16. Qu'est-ce que la densité d'un gaz ? — 17. Qu'appelle-t-on un aréomètre ? — 18. Décrivez un de ces instruments ? — 19. A quoi servent les pèse-acides, pèse-sirops et pèse-esprits ? — 20. Qu'est-ce que l'alcoomètre centésimal ? — 21. Cet instrument donne-t-il directement le degré de toutes les boissons alcooliques ?

CINQUIÈME LEÇON

LA CHALEUR

EFFETS DE LA CHALEUR.

1. Les effets physiques de la chaleur sont l'échauffement, la dilatation et les changements d'état.

2. L'échauffement se reconnaît par le sens du toucher et se mesure exactement au moyen du *thermomètre*.

3. La dilatation est le phénomène de l'augmentation des dimensions et du volume des corps.

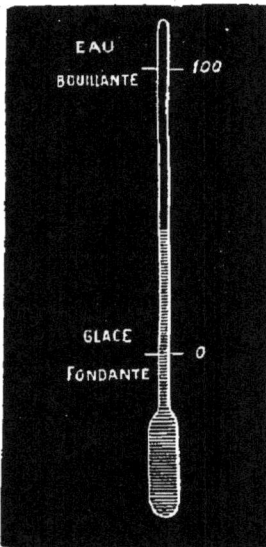

FIGURE 19.

4. Il y a deux sortes de dilatations pour les liquides et les gaz : la dilatation absolue et la dilatation apparente ; cette dernière, que l'on observe directement, est la différence entre la dilatation absolue du liquide et la dilatation du vase qui le renferme.

Thermomètre.

5. Un thermomètre est un instrument destiné à mesurer le degré d'échauffement d'un corps par la dilatation qu'éprouve dans les mêmes circonstances un liquide, tel que le mercure ou l'alcool, ou bien un gaz tel que l'air.

6. Thermomètre à mercure. — Un tube très étroit (la *tige*) (fig. 19), au bas duquel est une sorte d'ampoule (le *réservoir*) qui contient du mercure. Le niveau de ce liquide dans le tube en montre les variations de volume.

7. Graduations. — Toutes les graduations thermométriques reposent sur l'existence de deux points fixes : la glace fondante et l'eau bouillante.

8. Voici les trois graduations actuellement en usage ;

POINTS FIXES	CENTIGRADE	RÉAUMUR	FAHRENHEIT
Eau bouillante	100	80	212
Glace fondante	0	0	32
L'intervalle est divisé en. . .	100	80	180

Réduction des degrés d'une échelle thermométrique en degrés d'une autre échelle :

C'est une simple règle de trois. — Exemples :

1° Combien 60 degrés Réaumur valent-ils de degrés centigrades ?

80 R. valent 100 cent., 1 R. vaudra $\frac{100}{80}$, et 60 R. 60 fois plus :

$$x = \frac{100 \times 60}{80} = 75 \text{ degrés centigrades.}$$

2° Combien 68 degrés Fahrenheit valent-ils de degrés centigrades ?

Retranchons d'abord 32 de 68, puisque la graduation Fahrenheit part de 32 degrés plus bas que la glace fondante : 68 — 32 = 36. Faisons ensuite la règle ds trois.

180 F. valent 100 C. Un seul vaudra $\frac{100}{180}$, et 36 F. 36 fois plus :

$$x = \frac{100 \times 36}{180} = 20 \text{ degrés centigrades.}$$

9. Dans le thermomètre centigrade, on appelle *degré de température* la centième partie de la dilatation du mercure depuis la glace fondante jusqu'à l'eau bouillante.

10. On prolonge ces degrés au-dessous de la glace fondante en leur donnant le nom de *degrés au dessous de zéro* et en les comptant en sens inverse, c'est-à-dire de haut en bas.

11. Dans les calculs, les degrés au-dessus de zéro sont précédées du signe +, et les degrés au-dessous de zéro du signe —

12. **Thermomètre à alcool.** — On fait aussi des thermomètres avec de l'alcool. Ce liquide a l'avantage de ne pas se solidifier aux basses températures.

L'alcool bouillant à 78 degrés, ce thermomètre ne peut indiquer que des températures inférieures à ce chiffre. Pour le graduer, on le plonge d'abord dans la glace, puis dans un liquide dont la température est donnée par un autre thermomètre déjà gradué.

13. L'extrémité de la tige des thermomètres est fermée, dans le cas du mercure, pour empêcher ce liquide de tomber si on renverse l'instrument, et dans le cas de l'alcool, pour l'empêcher de s'évaporer.

Dilatation.

14. Les métaux se dilatent plus que les autres corps solides; le bois ne se dilate pas sensiblement.

Application. — Le ferrage des roues de voiture.

15. Les liquides se dilatent plus que les solides, les gaz plus que les liquides.

CALCUL DE LA DILATATION.

*16. Les augmentations ou diminutions de volume ou de longueur sont proportionnelles à la fois à l'élévation de température, et à la dimension primitive ou au volume primitif.

*17. On appelle *coefficient de dilatation linéaire* d'un corps, l'allongement de l'unité de longueur (prise à zéro) pour 1 degré centigrade.

Si on le désigne par la lettre k, 1 mètre, pour t degrés centigrades, augmentera de kt et par conséquent deviendra $1 + kt$; l mètres deviendront l fois plus grands et l'on aura :

$$l' = l(1 + kt).$$

*18. On appelle *coefficient de dilatation cubique* ou *en volume* l'augmentation de l'unité de volume (prise à zéro) pour 1 degré centigrade.

Si on le désigne par la lettre δ, la formule suivante donnera le volume nouveau pour une élévation de t degrés :

$$V' = V(1 + \delta t).$$

COEFFICIENTS DE DILATATION LINÉAIRE.

Zinc.	0,000030	Fer 0,000012
Argent	0,000019	Platine 0,000008
Cuivre	0,000017	

COEFFICIENTS DE DILATATION ABSOLUE DES LIQUIDES.

Alcool . . . . 0,00005 | Mercure 0,00018

Pour avoir les coefficients de dilatation apparente de ces liquides dans le verre des thermomètres, retrancher des nombres ci-dessus le coefficient de dilatation cubique du verre : 0,00003.

COEFFICIENT DE DILATATION COMMUN A TOUS LES GAZ.

$$\alpha = 0,00367$$

* Calculer le poids de 1 litre de gaz à la température t quand on connaît son poids à zéro :

Prenons l'air pour exemple : 1 lit. pèse 1^g293 à 0 degrés. Si la température devient t, ce volume devient $1 + 0,00367 \times t$, et par conséquent si on ne prend qu'un litre il pèsera :

$$\frac{1,293}{1 + 0,00367 \times t}.$$

* Formule générale du poids des gaz en tenant compte de la température et de la pression :

p poids du gaz à 0 et sous la pression 760^{mm}.

p' » » à t » » H.

$$\alpha = 0.00367.$$

$$p' = \frac{p}{1 + \alpha t} \times \frac{H}{760}.$$

MAXIMUM DE DENSITÉ DE L'EAU.

19. L'eau se contracte de zéro à 4 degrés, et se dilate ensuite régulièrement.

20. C'est donc à 4 degrés que sa densité est la plus grande; on la prend pour unité. A toute autre température, 1 centimètre cube d'eau pèse moins de 1 gramme.

CHANGEMENTS D'ÉTAT.

21. **Fusion et solidification par voie sèche.** — La température à laquelle un corps solide entre en fusion, c'est-à-dire passe de l'état solide à l'état liquide, est constante; on l'appelle le *point de fusion*.

22. La solidification d'un liquide a lieu à la même température que la fusion du même corps.

23. Le volume du corps solide et celui du liquide qui en provient par fusion ne sont pas toujours identiques. La glace a un volume plus grand que l'eau dont elle provient, elle est moins dense et flotte à la surface. L'huile figée est, au contraire, plus dense que l'huile liquide et tombe au fond.

POINTS DE FUSION DE DIVERS CORPS.

Fer. . . . . 1,500 à 1,600 degrés	Acide stéarique(bougie) 70 degrés
Acier. . . . 1,300 à 1,400 —	Cire. . . . . 68 à 76 —
Argent . . . . 1,000 —	Suif. . . . . 33 —
Bronze . . . . 900 —	Beurre . . . . 30 —
Zinc. . . . . 450 —	Huile d'olive. . . . . . 2,5 —
Plomb. . . . . 330 —	Essence de térében-
Étain . . . . 235 —	thine . . . . . 10 ⎫ au dessous
Mercure. . 39d au-dessous de zéro.	Huile de lin. . . . 20 ⎭ e zéro.

Observation relative à l'expansion de l'eau au moment de la congélation :

Les végétaux dont les cellules sont pleines d'eau, ne peuvent résister à la gelée parce que leur tissu est détruit au moment de la congélation de cette eau qui augmente de volume.

Une bouteille pleine d'eau se brise par le même motif.

DISSOLUTION.

24. Le passage d'un corps solide à l'état liquide peut aussi être déterminé par la présence d'un liquide appelé *dissolvant*.

25. Pour une température donnée, un même liquide ne peut dissoudre, en général, qu'une quantité déterminée d'un corps solide *(saturation)*; cette quantité augmente presque toujours avec la température.

Applications. — L'eau est le dissolvant des sels, des acides, et en général des substances oxygénées, telles que le sucre.

L'alcool dissout les corps gras, les résines (vernis).

Les carbures d'hydrogène se dissolvent mutuellement, ainsi l'essence de térébenthine dissout les résines et le caoutchouc.

Le sulfure de carbone dissout le soufre, le caoutchouc, les matières grasses et les huiles essentielles.

CRISTALLISATION.

26. Beaucoup de corps, en repassant de l'état liquide à l'état solide, prennent des formes géométriques régulières ; on les nomme alors *cristaux*.

27. On fait cristalliser les corps de deux manières : par *voie sèche* (après fusion et refroidissement lent), et par *voie humide* (évaporation ou refroidissement).

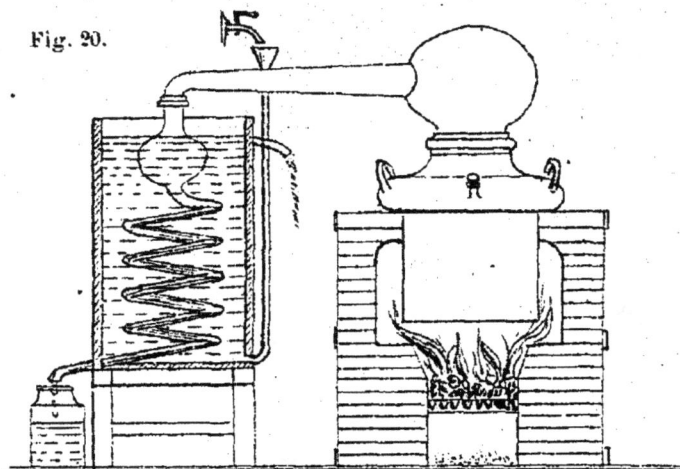

Fig. 20.

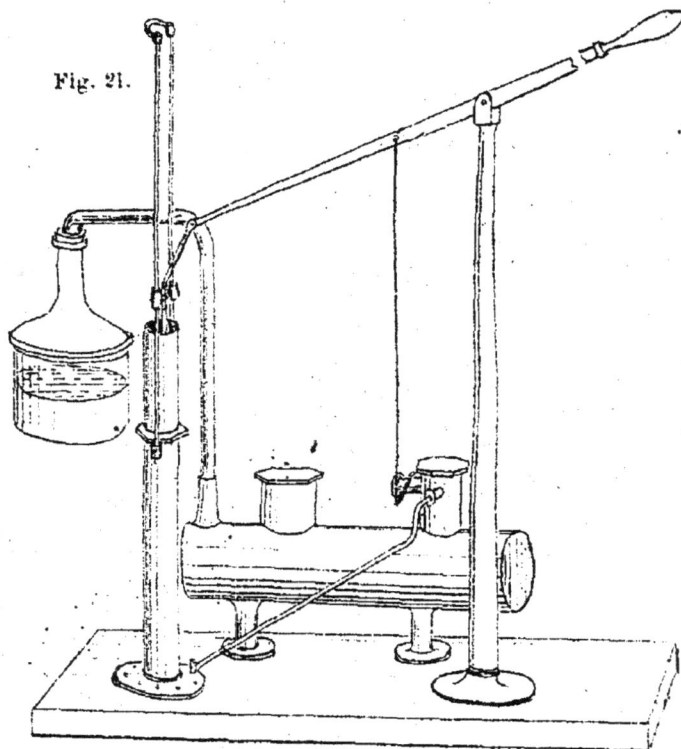

Fig. 21.

Pl. III.

Applications. — Raffinage du sucre, du salpêtre, extraction du sel des eaux de la mer, etc.

VAPORISATION.

28. Ébullition. — Passage brusque de l'état liquide à l'état de vapeur par l'action de la chaleur. On voit se former au fond du vase des bulles de vapeur qui viennent crever à la surface.

29. Lois de l'ébullition. — 1° Chaque liquide bout à une température constante, pourvu que la pression de l'atmosphère ne change pas. On appelle *point d'ébullition* la température à laquelle se produit l'ébullition sous la pression de 76 centimètres de mercure.

2° Si la pression de l'atmosphère augmente, la température d'ébullition s'élève aussi.

30. Distillation. — Opération dans laquelle on réduit un liquide en vapeur pour la condenser ensuite par refroidissement. Elle a pour but : 1° la purification d'un liquide (eau distillée) ; 2° la séparation de deux liquides (eau-de-vie, etc.). L'appareil où se fait la distillation se nomme *alambic* (fig. 20, pl. III).

31. Évaporation. — Transformation plus ou moins lente d'un liquide en vapeur, même sans l'application directe d'un foyer de chaleur. Les liquides qui s'évaporent le plus facilement s'appellent liquides *volatils* (alcool, éther, essences de pétrole).

32. Les causes qui activent l'évaporation sont : l'élévation de la température du liquide, la diminution de pression de l'atmosphère et son état d'agitation, l'étendue de la surface libre du liquide.

POINTS D'ÉBULLITION DE DIVERS LIQUIDES

Sous la pression de 760ᵐᵐ de mercure.

Acide sulfureux..	12 degrés au-dessous de zéro.	
Alcool pur..	78 degrés au dessus de zéro.	
Benzine.	81	—
Eau pure.	100	—
Eau de mer	103	—
Essence de térébenthine.	156	—
Mercure	350	—
Zinc liquide	1,300	—

QUESTIONNAIRE.

1. Quels sont les effets physiques de la chaleur? — 2. Comment mesure-t-on l'échauffement? — 3. Qu'est-ce que la dilatation? — 4. Combien y a-t-il de sortes de dilatations pour les liquides et les gaz? — 5. Qu'est-ce qu'un thermomètre? — 6. Décrivez le thermomètre à mercure. — 7. Quel est le principe des graduations thermométriques? — 8. Quelles sont les graduations usitées? — 9. Qu'appelle-t-on degré de température dans le thermomètre centigrade? — 10. Comment étend-on la graduation au dessus et au dessous des points fixes? — 11. Comment indique-t-on les degrés au-dessous de zéro. — 12. Construit-on aussi des thermomètres avec de l'alcool, et comment fait-on pour les graduer? — 13. L'extrémité de la tige du thermomètre reste-t-elle ouverte? — 14. Quels sont, parmi les corps solides, ceux qui se dilatent le plus? — 15. Comment se dilatent les liquides et les gaz? — 16. Comment varient les dilatations? — 17. Qu'appelle-t-on coefficient de dilatation linéaire? — 18. Qu'appelle-t-on coefficient de dilatation cubique? — 19. L'eau se dilate-t-elle régulièrement? — 20. A quelle température l'eau atteint-elle son maximum de densité?

Changements d'état.

21. Qu'est-ce que le point de fusion d'un solide? — 22. Quel est le point de solidification d'un liquide? — 23. Le volume d'un corps varie-t-il au moment du passage de l'état solide à l'état liquide? — 24. La liquéfaction d'un corps solide ne peut-elle pas être déterminée par une autre cause que la chaleur? — 25. Qu'est-ce qu'on entend par *saturation* d'un liquide? — 26. En quoi consiste la cristallisation? — 27. Quels sont les deux procédés qu'on peut employer pour faire cristalliser un corps?

28. Qu'est-ce que l'ébullition ? — 29. Énoncez les lois de l'ébullition. —
30. Qu'est-ce que la distillation ? — 31. Qu'est-ce que l'évaporation ? —
32. Quelles sont les causes qui activent l'évaporation ?

SIXIÈME LEÇON

Mesure des quantités de chaleur.
Propriétés des vapeurs.

1. Calorie. — Unité qui sert à mesurer les quantités
de chaleur. C'est la chaleur nécessaire pour échauffer
1 kilogr. d'eau de 1 degré centigrade.

2. Tous les corps n'absorbent pas la même quantité
de chaleur sous le même poids, pour s'échauffer du
même nombre de degrés. On appelle *chaleur spécifique*
d'un corps la quantité de chaleur nécessaire pour échauffer 1 kilogr. de ce corps de 1 degré centigrade.

Chaleurs spécifiques. — L'eau a la plus forte chaleur spécifique ; comme elle est prise pour unité, toutes
les autres sont des fractions :

Chaleur spécifique de l'eau	....	1 calorie.
—	du charbon	0,24
—	du verre ou de la porcelaine	0,24
—	du fer	0,11
—	du cuivre	0,09

3. Chaleur de fusion. — Quand un corps fond, sa
température reste invariable, parce que toute la chaleur est absorbée par le travail de la liquéfaction. La

quantité de chaleur absorbée par 1 kilogr. du corps s'appelle *chaleur de fusion*. La chaleur de fusion de la glace est de 79 calories (1).

4. Dans le phénomène de la dissolution, il y a aussi absorption de chaleur et, si l'on n'en fournit pas directement, il y a refroidissement.

Applications. — *Mélanges réfrigérants*. — Le plus fréquemment employé est celui de glace pilée ou de neige et de sel marin : abaissement d'une vingtaine de degrés.

Eau et azotate d'ammoniaque.

Sulfate de soude et acide chlorhydrique.

5. Chaleur de vaporisation. — On appelle *chaleur de vaporisation* d'un liquide la chaleur nécessaire à la transformation de 1 kilogr. de ce liquide en vapeur, la température étant constante.

La chaleur de vaporisation de l'eau est 536 calories.

6. Pendant la condensation, la vapeur rend toute cette chaleur avant de se refroidir au dessous du point d'ébullition.

Applications. — Chauffage de grandes masses d'eau par la condensation de la vapeur.

7. Dans le phénomène de l'*évaporation*, il y a aussi absorption de chaleur, et par suite refroidissement : — grottes naturelles dans lesquelles on observe des stalactites de glace, alcarazas, etc.

---

(1) On désignait autrefois les chaleurs de fusion et de vaporisation sous le nom de chaleur *latente* de fusion, etc. Le mot *latente* signifie *cachée*, ce qui rappelle que le thermomètre reste stationnaire pendant la fusion ou l'ébullition. Mais ce qualificatif n'ajoutant aucune clarté nouvelle à l'explication, on y a renoncé généralement aujourd'hui.

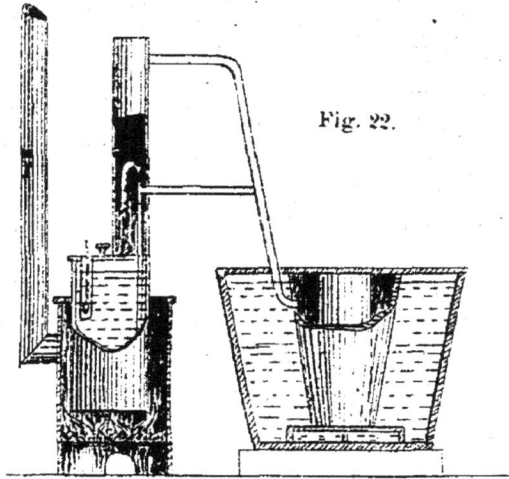

Fig. 22.

Fig. 23 (Semi-théorique).

Pl. IV.

La vaporisation par diminution de pression produit aussi du froid.

Applications.—Appareil Carré, où l'on opère la congélation d'une carafe d'eau en la faisant bouillir dans le vide au moyen d'une machine pneumatique (fig. 21, pl. III) ; — appareil à l'ammoniaque (fig. 22, pl. IV). — et appareil industriel pour la production de la glace par l'acide sulfureux (fig. 23, pl. IV).

*Applications numériques. Problèmes. —*Combien faut-il de calories pour porter à 100 degrés 500 gr. d'eau contenus dans un vase en cuivre pesant 250 gr., la température actuelle étant de 15 degrés ?*

$$100 - 15 = 85 \text{ degrés.}$$

Pour échauffer l'eau il faudra :

$$0,5 \times 85 \dots \dots \dots \dots = 42,5 \text{ Cal.}$$

Pour échauffer le cuivre il faudra :

$$0,25 \times 85 \times 0,09 \dots \dots \dots = 1,9$$

$$\text{Total} \dots \dots \dots \dots \quad 44,4$$

Si le vase qui contient l'eau eût été en porcelaine, dont la chaleur spécifique est 0,24, il aurait demandé pour s'échauffer :

$$0,25 \times 85 \times 0,24 = 5,1$$

$$\text{Le total} \dots \quad 42,5 + 5,1 = 47,6$$

On voit qu'il y a économie de chaleur avec les vases en métal.

* On verse 5 litres d'eau bouillante sur un tas de neige ou de glace. Quelle quantité de glace fera-t-on fondre par ce moyen ?*

5 litres d'eau se refroidissant de 100 degrés à zéro, abandonnent 500 calories.

4

On pourra donc faire fondre

$$\frac{500}{79} = 6^k,329 \text{ de glace.}$$

On veut échauffer un mètre cube d'eau de 10 degrés à 60, en y faisant condenser de la vapeur à 100 degrés. Quelle est la quantité de vapeur nécessaire?

Pour simplifier le problème, nous négligerons la chaleur nécessaire à l'échauffement des parois du réservoir.

Il faut employer $1000 \times (60 - 10) = 50000$ calories.

Chaque kilog. de vapeur qui vient se condenser dans le réservoir, y apporte d'une part 536 calories, et se trouve ainsi ramené à l'état d'eau à 100 degrés. Cette eau, pour redescendre ensuite à 60 degrés, perd encore $100 - 60 = 40$ calories, en tout 576 calories fournies par kilog. de vapeur condensée :

$$\frac{50000}{576} = 86^k,7$$

PROPRIÉTÉS DES VAPEURS.

8. Un espace est dit *saturé de vapeur* quand il contient à la fois de la vapeur et une certaine quantité du liquide qui a donné naissance à cette vapeur.

9. La *tension maximum* d'une vapeur est la tension qu'elle prend dans un espace saturé.

On l'appelle *maximum* parce qu'elle ne peut pas être dépassée. Si on augmente la pression une partie de la vapeur reprend l'état liquide.

10. La tension maximum de toutes les vapeurs augmente rapidement avec la température.

MOTEURS A VAPEUR.

Fig. 21.— Chaudière à bouilleurs.

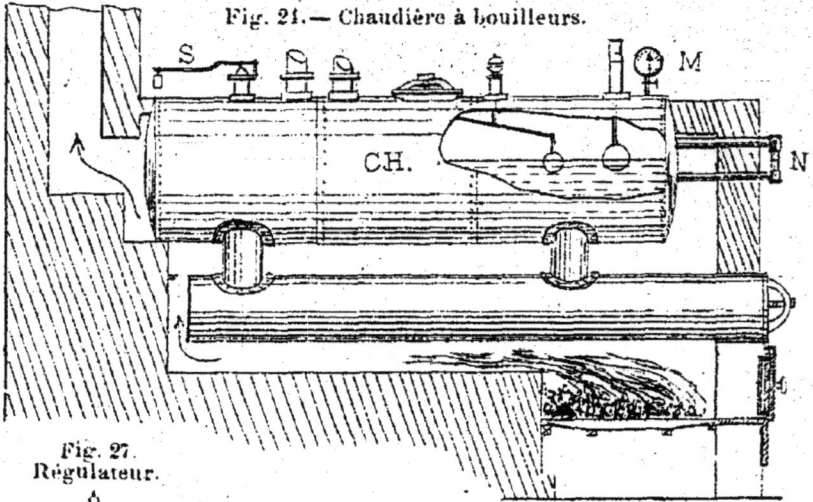

Fig. 27.
Régulateur.

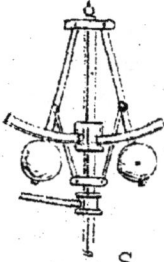

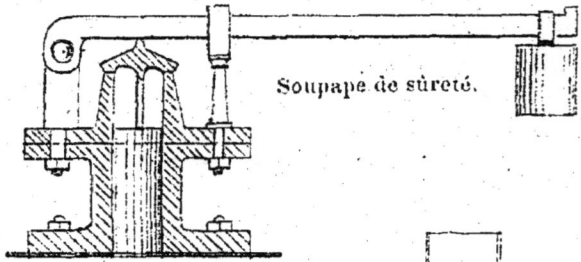

Soupape de sûreté.

Chaudière tubulaire

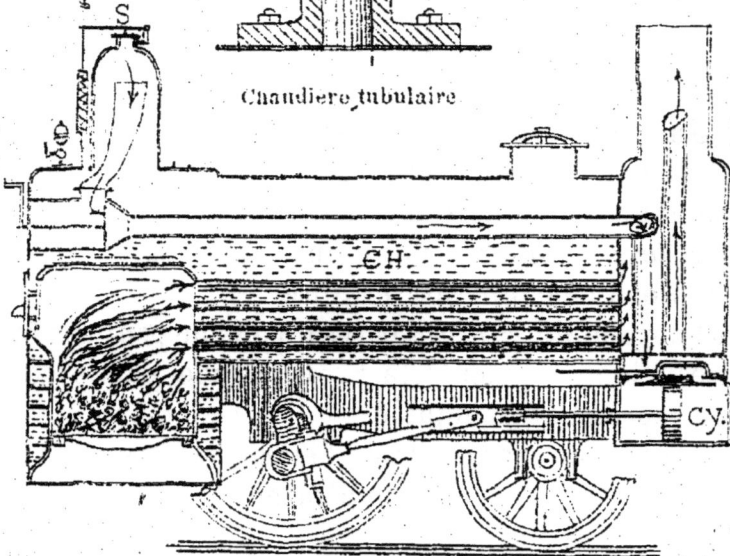

Tension maximum de la vapeur d'eau.

A 0 degrés, tension évaluée en millim. de mercure,				4,6
10	—	—	—	3,2
30	—	—	—	31,6
100	—	—	—	760,0 ou 1 atmosph.
120	—	—	—	1491,3 ou 2 (environ)
140	—	—	—	2717,6 ou 4 (environ)
150	—	—	—	3581,2 ou 5 (environ)

MOTEURS A VAPEUR.

11. Machines dans lesquelles-on utilise la tension maximum de la vapeur d'eau, en mettant à profit ses variations très considérables pour des différences faibles de température (fig. 24, pl. V).

12. **Description**. — Deux parties principales : le générateur et les organes du mouvement.

GÉNÉRATEUR : chaudière *(ch)* où se fait l'échauffement de l'eau. Parois très résistantes, en tôle de fer ; formes diverses ayant pour but de présenter la plus grande *surface de chauffe* possible :

Chaudières à bouilleurs des machines fixes.

Chaudières tubulaires des locomotives, locomobiles, etc.

Chaudières à foyer centraux des bateaux.

ORGANES ACCESSOIRES DU GÉNÉRATEUR :

Manomètre (m).

Tube indicateur du *niveau d'eau (n)*.

Pompe d'alimentation, mue par la machine elle-même et remplaçant à chaque coup de piston l'eau qui est sortie de la chaudière à l'état de vapeur.

Soupape de sûreté (s). Elle ferme une ouverture percée dans la paroi supérieure de la chaudière ; elle est maintenue par un poids ou un ressort, dont la force est calculée de façon à produire sur la section de l'ouverture la pression que l'on ne veut pas dépasser. Si la vapeur intérieure tend à augmenter de tension, la soupape s'ouvre, il s'échappe un peu de vapeur et la pression intérieure redescend immédiatement au point voulu.

ORGANES DE MOUVEMENT : *Cylindre et piston (cy)*. La vapeur agit alternativement sur les deux faces d'un piston qui se meut dans un cylindre. Pendant que la vapeur qui arrive pousse le piston, celui-ci refoule dans l'atmosphère la vapeur qui a servi au coup précédent et qui est *détendue*.

Mouvement de rotation. Quand la machine est destinée à produire un mouvement de rotation, la tige du piston est reliée à l'axe par l'intermédiaire de la *bielle* et de la *manivelle*.

Tiroir. — Organe qui distribue la vapeur tantôt d'un côté du piston, tantôt de l'autre. C'est une sorte de coulisse à mouvement alternatif ouvrant et fermant successivement les ouvertures d'accès de la vapeur.

FIGURE 25, *1re position* : la vapeur arrivant par le tube S se rend à droite du piston ; la vapeur expulsée s'échappe par le tube A.

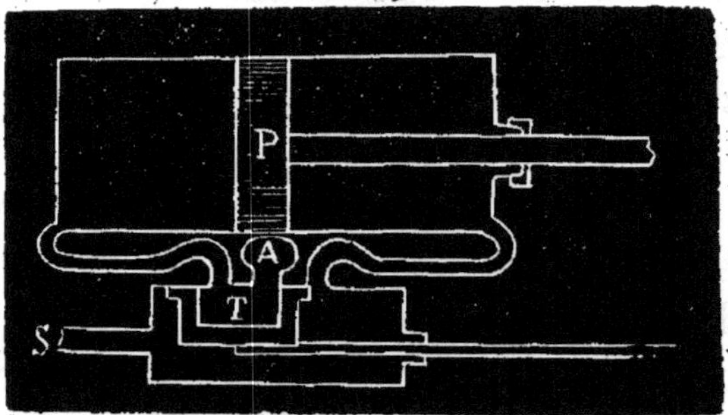

FIGURE 25.

FIGURE 26, *2ᵉ position* : la vapeur de la chaudière se rend à gauche du piston ; celle qui a servi est toujours expulsée par le tube A.

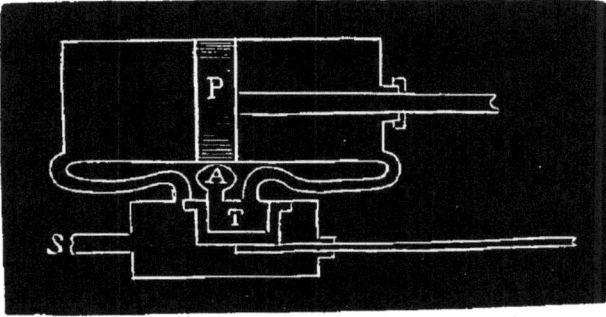

FIGURE 26.

Le tiroir est mû automatiquement par la machine elle-même (excentrique).

Détente. On n'introduit la vapeur dans le cylindre que pendant une partie seulement de la course du piston ; la lumière d'introduction étant fermée pendant le reste de la course, la vapeur pousse le piston en se détendant, ce qui produit une économie de combustible.

Volant. Grande roue à circonférence très lourde, calée sur l'axe. Il rend uniforme le mouvement de rotation.

Régulateur. Organe qui réduit l'ouverture d'accès de la vapeur si la machine va trop vite, ou l'augmente si elle va trop lentement (fig. 27, pl. V). La force centrifuge, en écartant les boules de l'axe de rotation, fait monter la bague qui entoure cet axe, et ce mouvement se communique au robinet d'accès de la vapeur par l'intermédiaire d'un levier.

Coulisse de Stephenson. — Organe mécanique destiné à changer à volonté le sens du mouvement de rotation en poussant ou tirant le tiroir. Il sert en particulier

à produire la marche en arrière et en avant des locomotives.

Machine à haute et à basse pression. — Le moteur
que nous décrivons est le moteur *à haute pression*. La
tension de la vapeur y varie de 4 à 6 atmosphères. Il
existe des moteurs dans lesquels la vapeur, au lieu
d'être expulsée dans l'air, se rend dans un réservoir d'eau
froide (condenseur), où sa tension devient très faible. On
peut ainsi utiliser presque une atmosphère de plus, ce
qui permet de ne chauffer que jusqu'à 120 ou 130 degrés
l'eau de la chaudière *(machines à basse pression)*.

Il existe quelquefois des condenseurs dans les machines à haute pression (bateaux à vapeur), mais ils ont en
outre pour but de recueillir l'eau douce provenant
de la condensation de la vapeur pour l'utiliser à l'alimentation de la chaudière.

SOURCES DE CHALEUR.

13. La source de chaleur la plus fréquemment employée est la combustion (combinaison avec l'oxygène
de certains corps appelés combustibles).

14. Les combustibles usuels donnent en brûlant des
gaz qui sont : l'acide carbonique dans le cas du carbone
à peu près pur (charbon de bois, coke), et un mélange
de vapeur deau et d'acide carbonique dans le cas du
bois, de la houille, du gaz d'éclairage, des corps
gras, etc., qui contiennent aussi de l'hydrogène.

15. Le *tirage* des cheminées est produit par la différence de densité entre les gaz chauds qui remplissent le
tuyau de la cheminée, et une égale colonne d'air froid.

PROPAGATION DE LA CHALEUR.

16. La chaleur se propage au contact de deux corps ou dans le même corps par *conductibilité*, et à distance par *rayonnement*.

17. Les corps les plus conducteurs sont les métaux ; le bois l'est très peu, ainsi que les liquides et les gaz.

Applications. — Économie de combustible avec des vases en cuivre, — poignées de bois pour les vases en métal, — usage des vêtements de laine qui immobilisent dans leur épaisseur une couche d'air non conductrice empêchant la déperdition de la chaleur du corps.

18. La chaleur émise par *rayonnement* est d'autant plus grande que la différence de température entre le corps chaud et le corps froid est plus grande aussi.

19. L'émission, comme l'absorption, est la plus grande avec les surfaces noires ; elle est au contraire très faible avec la plupart des surfaces blanches ou polies.

Applications. — Vêtements blancs pour garantir du soleil, — fourrures blanches des animaux polaires pour empêcher la déperdition de la chaleur par rayonnement.

20. Il y a des corps qui laissent passer la chaleur rayonnante, et d'autres qui l'arrêtent. En général les corps transparents pour la lumière le sont aussi pour la chaleur lorsqu'elle accompagne la lumière, mais le verre peut arrêter la chaleur si elle est obscure.

21. L'air étant transparent pour la chaleur, la terre se refroidit pendant la nuit plus que l'air. Les objets situés près de la terre, les plantes se refroidissent aussi, et la vapeur d'eau que contient la couche inférieure de

l'air vient se condenser sur ces corps froids et produit la *rosée*.

22. La chaleur se réfléchit et se réfracte comme la lumière : miroirs ardents, lentilles ou verres comburants.

QUESTIONNAIRE.

Calorimétrie.

1. Quelle est l'unité qui sert à mesurer les quantités de chaleur? — 2. Qu'appelle-t-on chaleur spécifique d'un corps? — 3. Chaleur de fusion? — 4. Que remarque-t-on dans le phénomène de la dissolution? — 5. Qu'appelle-t-on chaleur de vaporisation? — 6. Que remarque-t-on pendant la condensation? — Pendant l'évaporation ou la vaporisation par diminution de pression?

Propriétés des vapeurs.

8. Qu'est-ce qu'un espace saturé? — 9. Qu'est-ce que la *tension maximum* d'une vapeur? — 10. Comment cette tension varie-t-elle avec la température? — 11. Qu'est-ce qu'un moteur à vapeur? — 12. Quelles en sont les parties principales? Décrivez le générateur, ses organes accessoires; les organes du mouvement, le cylindre, le piston, le tiroir, le volant.

Sources de chaleur.

13. Quelle est la source de chaleur la plus fréquemment employée? — 14. Quels sont les gaz que donnent les combustibles usuels en brûlant? — Quelle est la cause qui produit le tirage des cheminées?

Propagation de la chaleur.

16. Comment se propage la chaleur? — Quels sont les corps les plus conducteurs? — 18. De quoi dépend la chaleur émise par rayonnement? — 19. Quels sont les corps avec lesquels l'émission ou l'absorption est la plus grande? — 20. Tous les corps laissent-ils passer la chaleur rayonnante? — Expliquer le phénomène de la rosée. — 22. La chaleur peut-elle se réfléchir et se réfracter?

SEPTIÈME LEÇON

ÉLECTRICITÉ PAR FROTTEMENT.

1. Certains corps acquièrent, quand on les frotte, la propriété d'attirer les corps légers : tels sont l'ambre, les résines, le soufre, le verre, le caoutchouc, la soie, etc.

2. On appelle cette propriété *électricité*, du mot grec *electron,* qui signifie l'ambre jaune.

3. D'autres corps, tels que les métaux, ne paraissent pas au premier abord pouvoir s'électriser par le frottement, c'est qu'ils laissent s'écouler l'électricité à mesure qu'elle se développe, on les appelle *corps bons conducteurs.*

4. Ces mêmes corps peuvent s'électriser quand on les soutient par l'intermédiaire d'un corps électrisable, le verre, la résine, etc. Ces derniers portent alors le nom de *corps isolants* ou *mauvais conducteurs.*

Théorie de l'électricité

5. On suppose que la cause de ces phénomènes est due à un *fluide* non pesant, qui se répand à la surface des corps frottés, et qui se meut avec rapidité sur les corps bons conducteurs. Ce fluide est maintenu à la surface des corps par la pression de l'air, qui est mauvais conducteur quand il est sec.

6. L'épaisseur de la couche électrique est plus ou

moins grande ; sa tension est proportionnelle à cette épaisseur.

Sur une sphère, l'épaisseur est uniforme, mais sur les surfaces à courbures irrégulières, elle est d'autant plus grande que le rayon de courbure est plus petit.

7. Une pointe aiguë présente une tension tellement grande que l'électricité s'écoule par cette pointe comme un liquide dans un tuyau (tourniquet électrique).

8. **Hypothèse des deux fluides.** — On suppose aussi qu'il y a deux fluides différents : le fluide *positif* et le fluide *négatif*.

Les fluides de même nom se repoussent, ceux de nom contraire s'attirent.

Les fluides de nom contraire, en s'ajoutant, détruisent leurs effets ; on dit alors qu'ils se recombinent pour donner du fluide neutre.

Le développement de l'un ou de l'autre fluide dépend de la nature du corps, le corps frotté prenant l'un des fluides et le corps frottant prenant l'autre. Avec de la laine on obtient : le fluide positif sur le verre et le soufre, le fluide négatif sur la résine et le caoutchouc. Avec la peau de chat, on obtient le fluide négatif sur le verre, surtout s'il est dépoli.

9. **Influence.** — Un corps non électrisé qui s'approche d'un corps électrisé subit ce qu'on appelle l'*influence* ; on explique ce phénomène en disant que son fluide neutre est décomposé, le fluide de même nom étant repoussé le plus loin possible, le fluide de nom contraire attiré le plus près possible. Si l'on éloigne les corps l'un de l'autre, l'influence cesse : les électricités momentanément séparées se recombinent.

MACHINE ÉLECTRIQUE.

10. **Description** (fig. 28, pl. VI). — Plateau de verre circulaire qu'on fait tourner autour d'un axe horizontal et qui s'électrise positivement en passant entre deux paires de coussins ou frottoirs (*f*) placées aux extrémités du diamètre vertical. — Conducteurs métalliques isolés, aboutissant à deux mâchoires (*m*), garnies de pointes, qui embrassent le plateau de verre aux extrémités d'un diamètre.

11. **Fonctionnement.** — Le plateau, électrisé positivement en passant entre les mâchoires, y produit par influence de l'électricité positive qui est refoulée sur les conducteurs, et de la négative qui, attirée sur les pointes, s'en échappe et ramène le plateau à l'état neutre. A chaque demi-tour le plateau fournit donc une nouvelle charge d'électricité aux conducteurs.

12. **Décharge électrique.** — Quand deux corps possédant des fluides différents sont en présence, ces fluides tendent à se porter l'un vers l'autre ; les tensions augmentent sur les points en regard, et peuvent devenir assez fortes pour vaincre la résistance de l'air. Il y a alors décharge violente au moment où les deux fluides se réunissent.

13. Les effets de la décharge sont les suivants :

1° Effets physiologiques : sensation de piqûre perçue par les nerfs sensitifs, contraction des muscles par les nerfs moteurs ;

2° Effets physiques : étincelle sinueuse ou en zig-zag, bruit plus ou moins fort, volatilisation des métaux ;

3º Effets chimiques : explosion d'un mélange gazeux détonant, inflammation des liquides volatils, etc.

La décharge violente n'a lieu que dans l'air sec. Dans l'air humide et dans le vide, il y a écoulement du fluide sans étincelle et sans bruit. Les tubes de Geisler sont destinés à montrer cet écoulement dans des gaz raréfiés. Les aurores boréales sont des phénomènes de même sorte qui se passent dans les hautes régions de l'atmosphère.

L'étincelle ne produit d'effet calorique sensible que s'il y a de grandes quantités d'électricité en présence. Ainsi la décharge d'une machine électrique ne peut enflammer la poudre, et il faut une forte batterie pour volatiser une feuille d'or.

14. Condensateur. — Appareil destiné à accumuler sur une surface restreinte de grandes quantités de fluide. Tout condensateur se compose essentiellement de deux surfaces métalliques (les plateaux A et B, fig. 29, pl. VI) séparées par une lame mince non conductrice. Pour le charger, on met A en communication avec la machine, et B en communication avec le sol. Le premier se charge du fluide positif émanant de la machine ; le second, par influence, présente du fluide négatif en regard de la lame isolante, tandis que le fluide positif est refoulé dans le sol. Les deux plateaux peuvent recevoir une grande quantité d'électricité, parce que les fluides dont ils sont chargés s'attirent à travers la lame non conductrice et se neutralisent en apparence.

On décharge un condensateur en faisant communiquer ses deux armatures au moyen d'un corps conducteur.

*Explication de l'accumulation des fluides dans le condensateur.— Ce phénomène a lieu grâce à la distribution des deux fluides sur les surfaces en regard. En effet, dès que le plateau B présente de l'électricité négative, ce fluide attire le fluide positif de A sur la surface intérieure de ce plateau. Sa face extérieure est donc dégagée d'autant, et peut recevoir une nouvelle charge de fluide positif venant de la machine. Mais s'il y a une plus grande quantité d'électricité sur A il y aura de nouveau influence sur B et production de fluide négatif qui viendra s'ajouter à celui qui se trouve déjà sur sa face intérieure, et ainsi de suite.

15. **Bouteille de Leyde** (pl. VI). — Un flacon ou bouteille en verre contenant des feuilles d'or à l'intérieur. Une partie de la surface extérieure est recouverte d'une feuille d'étain (armature extérieure). Une tige métallique passant par le bouchon est en communication avec les feuilles de l'intérieur (armature intérieure).

Les deux armatures, séparées par le verre de la bouteille, constituent un condensateur.

16. **Batterie électrique.** — Assemblage de plusieurs bouteilles de Leyde de grandes surfaces, réunies par leurs armatures semblables. C'est un condensateur où l'on peut accumuler de grandes quantités d'électricité.

ÉLECTRICITÉ ATMOSPHÉRIQUE.

17. L'air est toujours plus ou moins chargé d'électricité. Les nuages transportés par les courants d'air peuvent être chargés de l'un ou de l'autre fluide. Pendant les orages ils donnent lieu à des phénomènes

d'influence et à des décharges dont les effets sont : les éclairs, le tonnerre, la chute de la foudre.

18. L'éclair est l'étincelle électrique. Quelques éclairs d'une très grande longueur sont formés de plusieurs étincelles jaillissant simultanément entre des nuages placés les uns à la suite des autres.

Les éclairs sans bruit, dits *éclairs de chaleur*, sont, ou bien la réflexion sur les nuages d'orages lointains, ou bien des décharges qui ont lieu dans des régions où l'air est trop raréfié pour produire un son intense.

On observe quelquefois des *globes de feu* qui se promènent avec lenteur autour des objets, puis éclatent en produisant les effets ordinaires de la foudre. On les attribue à des masses d'air ou de vapeur fortement électrisées.

19. Le tonnerre est le bruit de la décharge dans l'air. Si l'étincelle est un peu longue, le retard apporté par la faible vitesse du son produit l'effet d'un roulement continu.

20. **Effets de la foudre.** — Le fluide électrique suit toujours les meilleurs conducteurs. Les corps isolants qui se trouvent sur son passage peuvent être détruits ou brisés (murs percés, arbres mis en pièces). Les corps, même conducteurs, qui présentent une résistance plus grande au passage du fluide, soit par leur faible masse, soit par leur moindre conductibilité, sont brûlés ou volatilisés (fils de fer, dorures, etc.).

21. **Paratonnerre.** — Tige métallique pointue placée sur le sommet d'un édifice, mise en communication avec toutes les pièces métalliques de l'édifice, d'une part, et de l'autre avec le sol par une tige de fer ramifiée.

22. Il préserve l'édifice de la foudre parce qu'il faci-

lite, grâce à sa pointe et à sa communication avec la terre, l'écoulement rapide des fluides séparés par l'influence du nuage orageux.

23. La grêle est formée par la condensation et l'accumulation de l'eau à l'état de glace autour de petits flocons de neige. On admet que les attractions et les répulsions éprouvées par les grêlons, sont la cause des mouvements rapides qui les font s'entrechoquer avec bruit, et en augmentent la densité en tassant la neige dont ils sont composés.

QUESTIONNAIRE.

1. Quels sont les corps qui présentent la propriété d'attirer les corps légers quand on les frotte? — 2. Quel nom donne-t-on à cette propriété ? — 3. Quels sont les corps qu'on appelle bons conducteurs?— 4. Ces corps s'électrisent-ils ?

5. A quelle cause attribue-t-on les phénomènes électriques? — 6. Comment le fluide est-il distribué à la surface des corps? — 7. Quel est l'effet produit par les pointes? — 8. En quoi consiste l'hypothèse des deux fluides? — 9. Qu'est-ce que le phénomène de l'influence ? — 10. Décrivez la machine électrique? — 11. Expliquez son fonctionnement.— 12. Expliquez la décharge électrique. — 13. Quels en sont les effets.

14. Qu'est-ce qu'un condensateur? — 15. Décrivez la bouteille de Leyde. — 16. La batterie électrique. — 17. Quels sont les phénomènes d'électricité atmosphérique? — 18. Qu'est-ce que l'éclair? — 19. Le tonnerre? — 20. Quels sont les effets de la foudre? — 21. Décrivez le paratonnerre. — 22. Comment préserve-t-il de la foudre? — 23. Qu'est-ce que la grêle?

HUITIÈME LEÇON

LES COURANTS ÉLECTRIQUES
ET LE MAGNÉTISME.

1. Quand deux corps possédant des électricités contraires sont réunis par un fil métallique, la combinaison des deux fluides a lieu dans ce fil; on dit alors qu'il est parcouru par un *courant* allant du côté positif au côté négatif.

2. La machine électrique et la bouteille de Leyde ne donnent dans ce cas qu'un courant instantané. Les piles donnent un courant continu.

3. Un *élément* de pile se compose essentiellement :

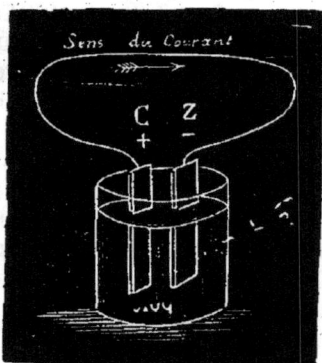

FIGURE 31.

1° D'une plaque de zinc plongeant dans de l'eau acidulée ou tout autre liquide capable d'agir chimiquement sur lui. Le zinc s'électrise négativement ;

2° D'un corps conducteur non attaqué par ce liquide et destiné à recueillir l'électricité positive qui s'y développe (cuivre ou charbon) ;

3° D'un fil conducteur faisant communiquer les parties émergentes du zinc et du charbon ou du cuivre (fig. 31).

4. **Définitions.** — Le zinc s'appelle *le pôle négatif,*

Fig. 28.

F. 29.

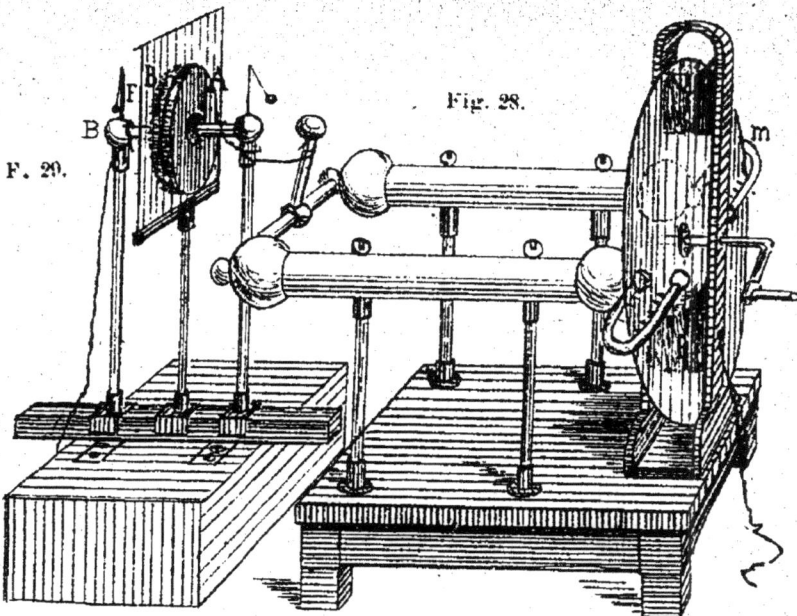

Fig. 32.
Élément Daniell.

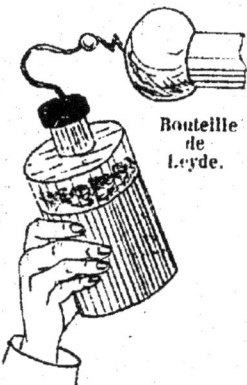

Fig. 33.
Élément Bunsen.
Charbon
dans l'acide
azotique.

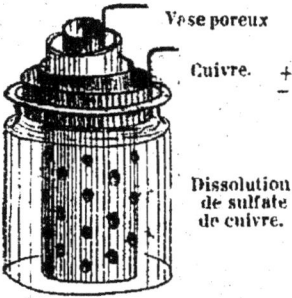

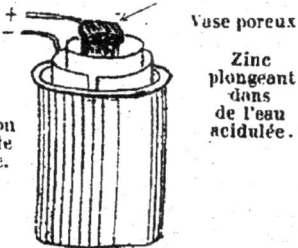

Bouteille
de
Leyde.

Vase poreux

Cuivre.

Dissolution
de sulfate
de cuivre.

Vase poreux

Zinc
plongeant
dans
de l'eau
acidulée.

Fig. 34. — Pile composée.

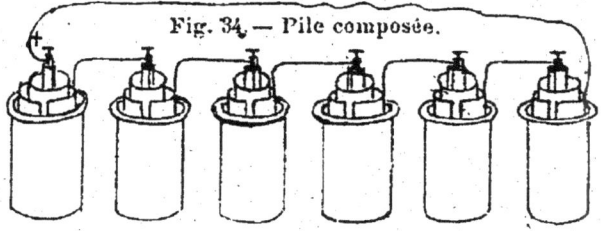

Pl. VI.

le cuivre ou charbon, *pôle positif* de l'élément ou pile.
Le fil lui-même, quand il est parcouru par le courant,
s'appelle *circuit*.

Les deux extrémités du fil conducteur qu'on met en
communication avec un appareil quelconque se nomment les *électrodes* (*positive* ou *négative* selon qu'elles
sont du côté charbon ou du côté zinc).

Diverses sortes d'éléments de pile. — L'élément
simple décrit ci-dessus présente l'inconvénient de s'affai-
blir rapidement par la présence de l'hydrogène résultant
de la décomposition de l'eau acidulée, et qui tend à
reprendre l'oxygène destiné à se porter sur le zinc. Les
éléments à deux liquides séparés par un vase poreux
obvient à ce défaut en faisant servir l'hydrogène à un
autre travail chimique.

Élément Daniel (fig. 32, pl. VI). — Électrode négative, zinc dans de l'eau acidulée ; électrode positive,
cuivre dans du sulfate de cuivre. Ce sel est décomposé
par l'hydrogène qui prend la place du cuivre et le métal
vient se déposer sur l'électrode positive.

Élément Bunsen (fig. 33, pl. VI). — Électrode négative, zinc dans de l'eau acidulée ; électrode positive,
charbon dans de l'acide azotique. Cet acide est décomposé par l'hydrogène qui lui enlève une certaine quantité d'oxygène en le ramenant à l'état d'acide azoteux et
de peroxyde d'azote.

5. Pile composée. — Pour obtenir un courant plus
intense, on réunit plusieurs éléments en une pile composée, le pôle positif de chaque élément communiquant
avec le pôle négatif du suivant, de façon que tous les
courants élémentaires s'ajoutent dans le circuit extérieur (fig. 34, pl. VI.)

5

6. Effets du courant proprement dit. — Un courant ne produit d'effet qu'autant qu'il éprouve une résistance qui le transforme en travail chimique ou en chaleur.

7. Effet calorifique. — Un fil de fer fin placé entre les électrodes rougit et fond à cause de sa faible section et de sa conductibilité moins grande que celle du fil de cuivre qui compose le circuit.

8. Effets chimiques. — L'eau et les oxydes sont décomposés : l'hydrogène ou le métal se rend à l'électrode négative ; l'oxygène à l'électrode positive.

Les sels alcalins se décomposent de la manière suivante : le métal seul se rend à l'électrode négative ; — tous les autres éléments à l'électrode positive.

9. Applications. — Dorure et argenture, cuivrage, nikelage, étamage. — Reproduction de reliefs galvanoplastiques : objets d'art, clichés de gravure, héliogravure, etc.

Galvanoplastie. — Pour recouvrir un objet d'une couche métallique déposée par ce moyen, il faut que cet objet soit bon conducteur de l'électricité ; s'il ne l'est pas, on enduit sa surface avec de la plombagine. On le plonge ensuite dans un bain renfermant en dissolution le sel du métal qu'on veut déposer, puis on fait passer un courant dans ce bain, en ayant soin que l'objet serve de pôle négatif.

Le cuivrage s'obtient dans une solution de sulfate de cuivre ; l'argenture et la dorure dans une solution de cyanure double de posassium et de l'un de ces métaux.

10. Effets du courant à sa fermeture et à sa rupture. — Au moment où on établit la communication du circuit avec les pôles de la pile, comme au moment où on l'interrompt, on observe :

1º Une étincelle plus ou moins vive;

2º Une commotion dans les parties du corps humain qu'on a intercalées dans le circuit.

11. Lumière électrique. — Lorsqu'on fait jaillir l'étincelle de rupture entre des pointes de charbon, et qu'on maintient ces pointes à une petite distance, l'étincelle est continue et brille d'un vif éclat.

12. Les appareils destinés à produire la lumière électrique sont de trois sortes :

1º Les lampes à régulateur dans lesquelles les deux électrodes de charbon sont rapprochées au fur et à mesure qu'elles s'usent en brûlant dans l'air, au moyen d'un mécanisme muni d'un régulateur automatique;

2º Les bougies Jablochkoff à deux tiges parallèles de charbon, isolées par une lame d'un silicate fusible qui, en fondant, laisse toujours les extrémités libres;

3º Les lampes à incandescence, dans lesquelles la lumière émane d'un fil de platine ou de charbon, placé dans un petit ballon de verre où l'on a fait le vide.

Des aimants.

13. L'aimant naturel est un oxyde de fer (*minerai magnétique*) qui présente en certains de ses points la propriété d'attirer le fer.

14. On appelle aimant *artificiel* un morceau d'acier trempé auquel on communique la même propriété par le contact répété avec un autre aimant ou un courant électrique.

15. Les *pôles* d'un barreau aimanté sont ses deux extrémités. C'est là que réside la propriété magnétique.

16. Tout aimant mobile se dirige de lui-même à peu près du nord au sud. Le pôle qui se tourne vers le nord s'appelle pôle *austral;* celui qui se tourne vers le sud, pôle *boréal.*

17. Si on présente l'un à l'autre deux aimants différents dont l'un soit mobile, on constate que leurs pôles de même nom se repoussent, tandis que leurs pôles de nom contraire s'attirent.

Aimantation. — Pour aimanter un barreau d'acier au moyen d'un autre aimant, il faut le faire passer tout entier un grand nombre de fois devant le même pôle de cet aimant.

On peut encore aimanter l'acier en enroulant autour du barreau un fil de cuivre isolé et traversé par un courant électrique.

Action de la terre sur les aimants. — La terre agit sur l'aiguille aimantée comme le ferait un aimant; aussi c'est pour satisfaire à la loi des attractions et des répulsions qu'on a nommé pôle austral de l'aiguille celui qui se tourne vers le pôle boréal de la terre.

*Les forces attractives et répulsives appliquées aux pôles de l'aiguille ne peuvent se composer en une résultante unique, puisqu'elles sont égales et de sens opposé; c'est ce qu'on appelle *un couple.* Son action est simplement directrice.

20. **Boussole.** — Aiguille aimantée mobile sur un pivot et placée au centre d'un cercle divisé.

La *boussole d'arpenteur* sert à mesurer des angles.
Le *compas* des marins sert à diriger la marche des navires.

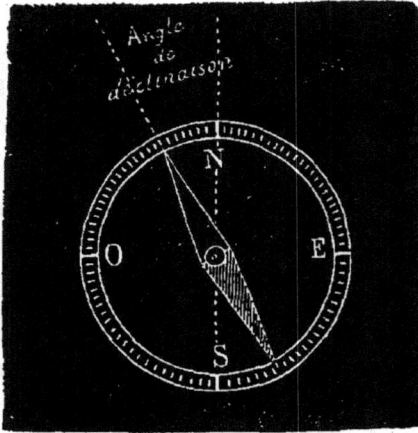

FIGURE 34 *bis.*.

* **Déclinaison.** — La direction de l'aiguille (fig. 34 *bis*) est en chaque lieu différente du méridien géographique. L'angle qu'elle fait avec ce méridien s'appelle *déclinaison*. Cet angle est actuellement de 15 degrés ouest à Lyon, de 16 à Paris et de 17°à Bordeaux.

Électro-magnétisme.

19. **Action d'un courant sur une aiguille aimantée.** — Le pôle austral de l'aiguille se place à gauche du courant, c'est-à-dire qu'un observateur placé *dans le fil,* les pieds vers le côté positif du courant, verrait le pôle austral de l'aiguille se dévier vers sa gauche.

20. **Le galvanomètre** est une application de ce principe. Il sert à mesurer l'intensité d'un courant par la déviation qu'il fait éprouver à l'aiguille aimantée..

21. **Électro-aimant.** — Un morceau de fer pur, qu'on nomme fer doux, placé dans l'axe d'une bobine de fil de cuivre isolé parcouru par un courant, s'aimante instantanément pendant le passage du courant, et l'aimantation cesse brusquement avec le courant.

22. Les électro-aimants sont les organes moteurs des appareils télégraphiques, des sonneries électriques, etc.

TÉLÉGRAPHES.

La transmission télégraphique exige deux instruments : le *manipulateur,* qui sert à envoyer les signaux, et le *récepteur,* qui sert à les recevoir à l'autre station.

Dans l'appareil *Morse* le manipulateur produit des interruptions du courant à des intervalles courts ou longs à volonté. Le récepteur attire, aux instants du passage du courant, un levier qui marque des points ou des traits sur une bande de papier en mouvement. Certains assemblages de traits et de points représentent par convention les lettres de l'alphabet.

Une *ligne* télégraphique ne se compose que d'un seul fil reliant les deux stations. Ce fil part de la pile placée à l'une des stations, traverse le manipulateur de cette station et va à l'autre station traverser le récepteur, puis il s'enfonce dans la terre. A la première station, l'autre pôle de la pile est également en contact avec la terre.

INDUCTION ET MACHINES DYNAMO-ÉLECTRIQUES.

23. **Action d'un aimant sur un circuit fermé.** — Lorsqu'on approche l'un de l'autre un aimant et un circuit fermé, on développe dans celui-ci un courant d'un certain sens, et lorsqu'on les éloigne, un courant de sens opposé. Ces courants ont une durée très courte. On les appelle *courants d'induction.*

24. Les machines *magnéto-électriques* produisent des courants par le mouvement de rotation d'une bobine de fils de cuivre au-devant d'un aimant.

25. Les machines *dynamo-électriques* sont fondées sur le même principe, mais l'aimant y est remplacé par un électro-aimant empruntant sa force magnétique au courant même que l'on produit (machine Gramme, machine Siemens, etc.)

QUESTIONNAIRE.

Les courants.

1. Qu'est-ce qu'un courant électrique? — 2. Dans quels cas produit-on des courants instantanés et des courants continus? — 3. De quoi se compose un élément de pile? — 4. Quels noms donne-t-on au zinc? au charbon? au fil de communication? aux extrémités de ce fil? — 5. Qu'est-ce qu'une pile composée? — 6. Dans quel cas un courant produit-il des effets? — 7. Quels sont les effets calorifiques? — 8. Quels sont les effets chimiques? — 9. Citez des applications? — 10. Quels sont les effets de la fermeture et de la rupture du courant? — 11. Comment se produit la lumière électrique? — 12. Quels sont les appareils qui servent à l'éclairage électrique?

Les aimants.

13. Qu'est-ce qu'un aimant naturel? — 14. Qu'est-ce qu'un aimant artificiel? — 15. Que désigne-t on par *pôles* d'un aimant? — 16. Comment se place un aimant mobile? — 17. Qu'arrive-t-il quand on présente l'un à l'autre deux aimants? — 18. Comment aimante-t-on un barreau d'acier? — 19. Quelle est l'action de la terre sur les aimants? — 20. Qu'est-ce que la boussole.

Électro-magnétisme.

21. Comment se place une aiguille aimantée sous l'influence d'un courant? — 22. Citez une application de ce principe? — 23. Qu'est-ce qu'un électro-aimant? — 24 Quelles sont les applications des électro-aimants? — 25. Dans quelles circonstances se forment les courants d'induction? — 26. Quel est le principe des machines magnéto-électriques? — 27. Quel est le principe des machines dynamo-électriques?

NEUVIÈME LEÇON

OPTIQUE

PROPAGATION DE LA LUMIÈRE.

1. La lumière est la cause physique qui produit sur notre œil la sensation de la vision.

2. Il y a des corps lumineux par eux-mêmes : les corps qui brûlent ou sont portés à une haute température, le soleil, les étoiles ; d'autres qui ne sont visibles que s'ils sont éclairés par les premiers : la lune, les planètes, la plupart des corps qui nous entourent.

3. *Corps transparents* : qui laissent passer la lumière.

Corps translucides : qui n'en laissent passer que très peu.

Corps opaques : qui l'arrêtent tout à fait.

4. **Propagation de la lumière en ligne droite.** — La lumière se propage en ligne droite ; un *rayon lumineux* est la direction suivant laquelle se propage la lumière.

5. L'*ombre* d'un corps est la portion de l'espace où ce corps empêche la lumière de pénétrer.

Application. — Tracé géométrique des ombres. — L'ombre n'est nettement dessinée qu'à la condition que le foyer lumineux soit d'une très petite surface. Les corps éclairants d'une surface un peu considérable (le soleil, par exemple) produisent autour de l'ombre un espace estompé, plus clair que l'ombre, appelé *pénombre*. Tout point de cet espace reçoit un peu de lumière émanant du corps lumineux.

C'est pour éviter l'inconvénient résultant de l'absence de pénombre qu'on a l'habitude d'entourer les foyers de lumière électrique, dont la surface éclairante est très petite, d'un globe dépoli qui éclaire comme un cercle brillant de même diamètre.

* **Vitesse de la lumière**. — Des observations astronomiques (Rœmer, éclipses des satellites de Jupiter), et des expériences directes (Fizeau et Foucault), ont donné pour la vitesse de propagation de la lumière, 300,000 kilomètres par seconde environ.

***Intensité de la lumière.** — L'intensité de la lumière (ou plus exactement de l'éclairement) varie en raison inverse du carré de la distance.

Elle varie aussi avec l'inclinaison de la surface éclairante aussi bien que de la surface éclairée. La loi géométrique de cette variation peut se réduire, au point de vue pratique et élémentaire, à ce principe : Toute surface inclinée sur la direction d'un faisceau de rayons lumineux reçoit ou émet la même quantité de lumière que la *section droite* de ce faisceau.

Observations. — Le disque du soleil, un globe dépoli sur une forte lampe, paraissent plats parce qu'ils émettent de la lumière comme le ferait leur *grand cercle.*

RÉFLEXION.

6. La réflexion a lieu sur les surfaces polies des corps solides, sur la surface extérieure des liquides et sur leur surface intérieure quand ils sont transparents.

7. **Lois de la réflexion :** — 1° Le rayon réfléchi est situé dans le plan d'incidence (plan qui contient à la fois le rayon incident et la normale à la surface réfléchissante) ; 2° l'angle d'incidence est égal à l'angle de réflexion (angles des rayons lumineux avec la normale).

Définition de la normale. — On appelle *normale* à une surface en un point la perpendiculaire à cette surface si elle est plane, ou au plan tangent en ce point si elle est courbe.

8. **Images dans les miroirs plans.** — La normale est perpendiculaire au miroir. Il en résulte que l'image M d'un point L, est située en apparence à une distance AM=AL (fig. 34, pl. VII.), cette condition géométrique réalisant seule l'égalité des angles LIN=NIR.

9. L'image d'un objet dans un miroir plan est symétrique de cet objet (fig. 35. pl. VII).

MIROIR A SURFACE CONCAVE.

10. **Foyer principal.** — Des rayons lumineux parallèles (rayons solaires) qui tombent sur un miroir concave, se réunissent tous après réflexion en un point situé devant le miroir : *foyer principal* (F, fig. 36, pl. VII).

11. **Images.** — Tous les objets situés au-delà du foyer principal donnent une image *réelle* (qu'on peut recevoir

RÉFLEXION.

Miroirs plans.

Fig. 35.

Fig. 34.

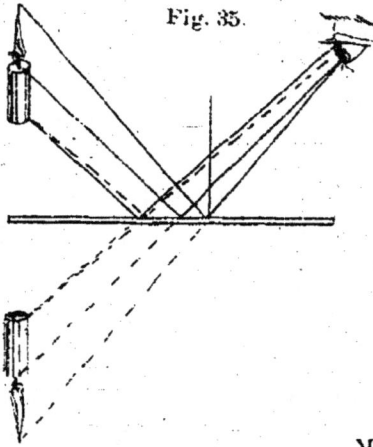

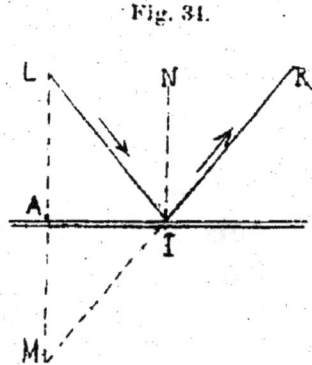

Foyer principal.

Miroirs concaves.
Fig. 36.
Foyer conjugué.

Foyer virtuel.

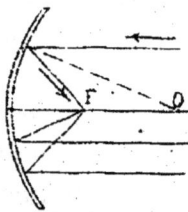

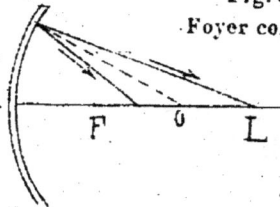

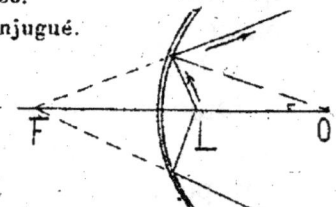

Fig. 37.
Image réelle.

Fig. 38.
Image virtuelle.

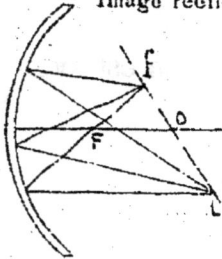

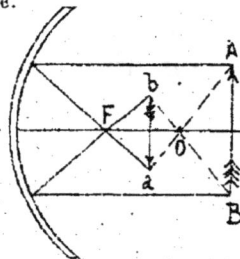

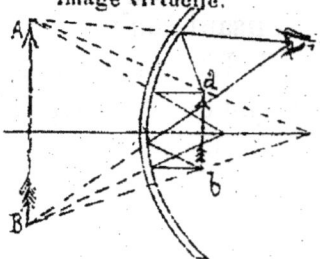

Miroirs convexes.

Fig. 39.

Fig. 40.

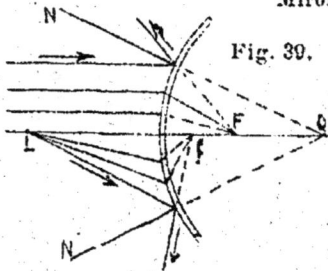

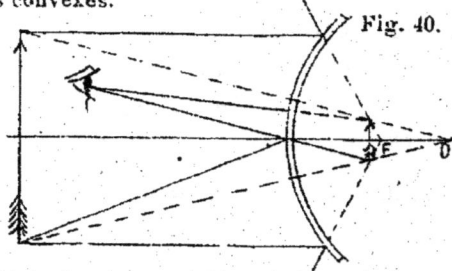

Pl. VII.

sur un écran) renversée, tantôt plus grande que l'objet, tantôt plus petite, suivant que c'est elle ou l'objet qui est le plus loin du miroir (fig. 37, pl. VII).

12. Tous les objets situés entre le miroir et le foyer donnent une image droite, symétrique de l'objet et plus grande que lui (miroirs grossissants) ; on l'appelle *image virtuelle* (fig. 38, pl. VII.), on ne peut la recueillir sur un écran.

Application des miroirs concaves. — Les rayons lumineux partis du foyer principal d'un miroir concave sont parallèles après réflexion ; il en résulte qu'ils n'éprouvent aucune autre diminution d'intensité avec la distance, que celle qui peut être due au défaut de transparence de l'air, car la cause de la diminution de l'intensité de la lumière avec la distance, c'est la divergence des rayons (miroirs des lanternes de voitures, de locomotives).

MIROIRS A SURFACE CONVEXE.

* 13. *Foyer principal virtuel :* Des rayons lumineux parallèles se réfléchissent en divergeant. Leurs prolongements se rencontrent derrière le miroir : *foyer virtuel* (fig. 39, pl. VII).

14. **Images.** — Quelle que soit la distance de l'objet au miroir, son image est toujours virtuelle, droite et plus petite que l'objet (boules argentées, bouteilles noires etc). (fig. 40, pl. VII).

RÉFRACTION.

15. La lumière qui passe d'un corps transparent dans

un autre change de direction : apparence d'un bâton qui dans l'eau, paraît brisé, relèvement du fond d'un bassin, etc. C'est la *réfraction* (fig. 41, pl. VIII).

16. Une vitre à faces parallèles ne produit pas de déformation sur les objets, parce que la déviation des rayons lumineux à l'entrée dans le verre est corrigée à la sortie par une déviation égale et de sens contraire, et que l'épaisseur de la lame est négligeable (fig. 42, pl. VIII).

LENTILLES.

17. Les lentilles sont des disques de verre à surface courbe.

Lentilles convergentes : plus épaisses au milieu qu'aux bords ; *lentilles divergentes :* plus épaisses aux bords qu'au milieu.

18. **Lentilles convergentes.** — Le foyer principal des rayons parallèles est réel (fig. 43, pl. VIII). Image réelle et renversée d'un objet situé au-delà du foyer, plus grande que l'objet si elle est située plus loin que lui de la lentille, plus petite dans le cas contraire (fig. 44, pl. VIII). — Image virtuelle grossie et droite d'un objet situé entre le foyer et la lentille, et vue à travers celle-ci (verres grossissants) (fig. 45, pl. VIII).

19. **Lentilles divergentes.** — Foyer principal virtuel. Image toujours virtuelle, droite, plus petite que l'objet et vue à travers la lentille (fig. 46, pl. VIII).

Application des lentilles. — *Loupe :* simple lentille convexe ; l'objet se place entre la lentille et le foyer, on en regarde l'image virtuelle grossie.

Microscope composé. — Une première lentille

convergente (objectif) donne une image réelle, amplifiée de l'objet ; on regarde cette image avec une seconde lentille (oculaire), faisant fonction de loupe (fig. 47, pl. IV).

Lunette astronomique. — Même dispositif, avec cette différence que l'objet étant très éloigné ne peut donner une image grossie avec l'objectif : dans ces deux instruments l'image est renversée (fig. 48, pl. IX).

Lunette terrestre. — Deux verres supplémentaires placés entre l'objectif et l'oculaire redressent l'image réelle que donne l'objectif (fig. 49, pl. IX).

Télescope. — Lunette dans laquelle l'objectif est remplacé par un miroir convergent (fig. 50, pl. IX).

Chambre noire. — L'image renversée des objets dans la chambre noire n'a pas besoin de lentilles pour se produire ; la propagation en ligne droite suffit pour expliquer l'image ronde du soleil sur un écran placé derrière un trou, ou l'image d'une bougie, d'un objet éclairant dans les mêmes circonstances.

Cependant l'appareil photographique appelé *chambre noire* renferme un ensemble de verres convergents *(l'objectif)* composé de deux lentilles séparées par une plaque opaque percée d'un trou *(le diaphragme)*. Ces lentilles ont pour but d'augmenter l'intensité lumineuse de l'image qui ne se *forme* alors avec *toute* sa netteté qu'à une distance déterminée *(mise au point)*; le diaphragme a pour but de régler la quantité de lumière qui doit agir sur la plaque.

DÉCOMPOSITION DE LA LUMIÈRE.

20. Il y a une infinité de sortes de lumières (sensation des couleurs).

21. Les rayons diversement colorés se propagent et se réfléchissent de la même manière, mais ils se réfractent différemment.

22. **Prisme.**— Corps transparent que la lumière traverse, suivant deux faces planes, non parallèles.

23. Les rayons de diverses couleurs sont séparés par la réfraction en traversant le prisme. On reconnaît ainsi que la lumière blanche du soleil est formée d'une infinité de lumières colorées (spectre). Pour retenir l'ordre dans lequel ces couleurs sont placées, on en désigne sept dont les noms forment un vers :

Violet, indigo, bleu, vert, jaune, orangé, rouge.

24. Avec d'autres sources de lumière on a des spectres différents, mais où les couleurs occupent toujours respectivement les mêmes places. Une lumière colorée ne contient qu'un petit nombre de rayons, ceux qui manquent sont remplacés dans le spectre par des espaces obscurs.

EXPLICATION DE LA COULEUR PROPRE DES CORPS.

25. La plupart des corps transparents absorbent au passage divers rayons ; ceux qui passent forment alors une lumière colorée (verres de couleur, liquides colorés).

26. Les corps opaques colorés laissent pénétrer la lumière dans leur intérieur à une très faible profondeur, en absorbent une partie et renvoient le reste dans tous les sens (diffusion).

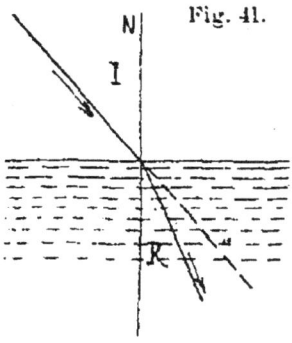

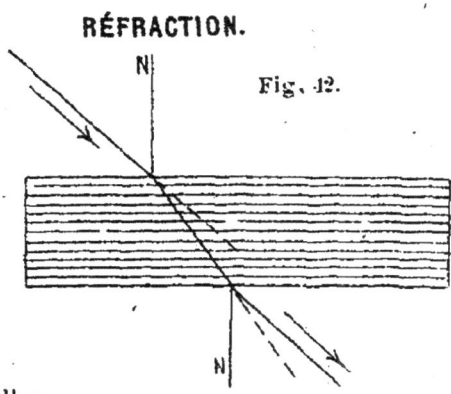

Fig. 41.

Fig. 42.

Lentilles

Fig. 43. — Foyers.

Fig. 44.

Fig. 45. — Loupe.

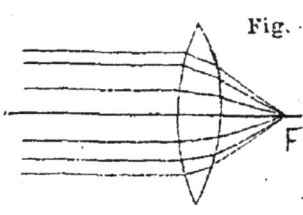

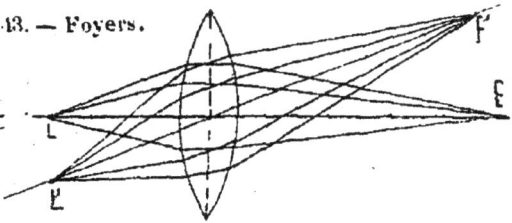

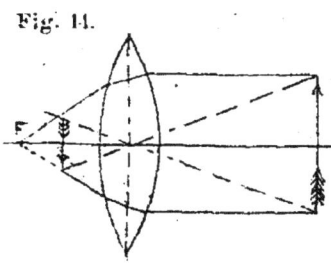

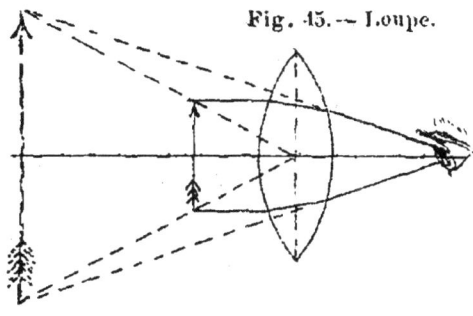

Fig. 46.— Lentilles divergentes.

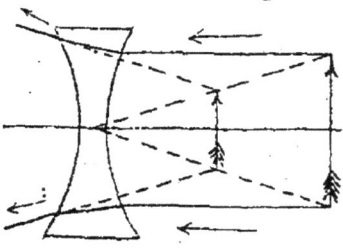

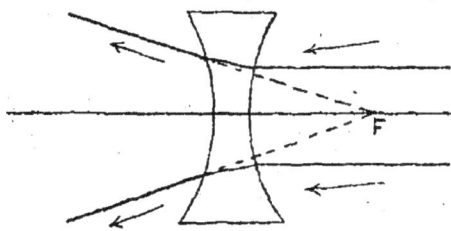

Pl. VIII.

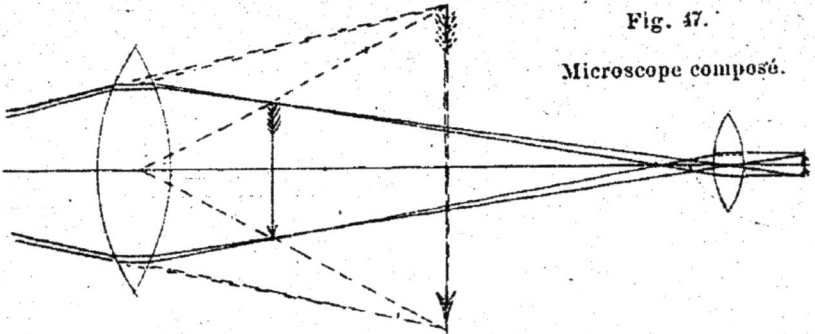

Fig. 47.

Microscope composé.

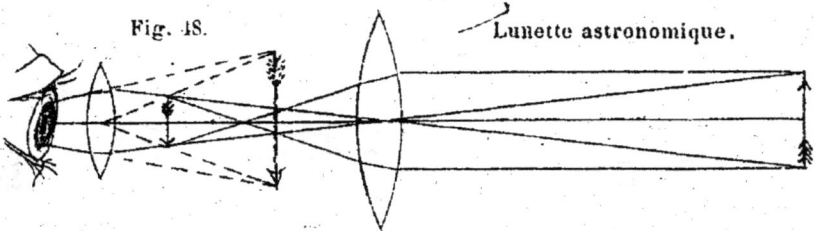

Fig. 48.

Lunette astronomique.

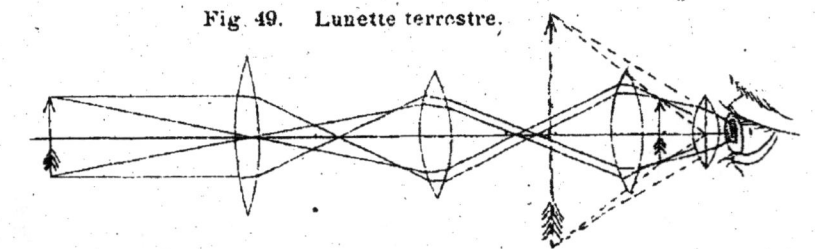

Fig. 49.   Lunette terrestre.

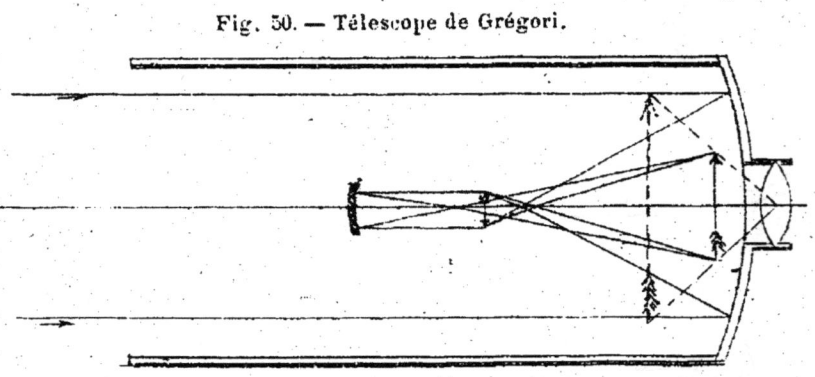

Fig. 50. — Télescope de Grégori.

Pl. IX.

ARC-EN-CIEL.

27. L'arc-en-ciel est produit par la décomposition de la lumière solaire dans les gouttes d'eau de la pluie, celles des jets d'eau ou des cascades.

Les objets sur lesquels on semble voir l'arc-en-ciel, tels que les arbres, les nuages, etc., ne sont pas réellement colorés les gouttes d'eau situées au-devant d'eux le sont seulement, de sorte que la position apparente de l'arc dépend uniquement de celle du spectateur.

Pour voir l'arc-en-ciel il faut tourner le dos au soleil, car cet astre envoie des rayons qui pénètrent dans chaque goutte d'eau et en ressortent colorés après réflexion sur le fond, c'est-à-dire sur le côté opposé au spectateur.

QUESTIONNAIRE.

Propagation de la lumière.

1. Qu'est-ce que la lumière? — 2. Tous les corps émettent-ils de la lumière? — 3. Qu'appelle-t-on corps transparents, translucides, opaques? — 4. Comment se propage la lumière, et qu'appelle-t-on rayon lumineux? — 5. Qu'est-ce que l'ombre d'un corps?

Réflexion.

6. Quelles sont les surfaces sur lesquelles a lieu la réflexion? — 7. Énoncez les lois de la réflexion? — 8. A quelle distance est située l'image d'un objet dans un miroir plan? — 9. Dans quelle condition géométrique se trouve l'image par rapport à l'objet? — 10. Qu'est-ce que le *foyer principal* d'un miroir concave? — 11. Quelle sorte d'image donnent les objets situés au-delà du foyer principal? — 12. Quelle sorte d'image donnent les objets situés en deçà du foyer principal? — 13. De quelle sorte est le foyer principal dans un miroir convexe? — 14. Comment se forme l'image dans un pareil miroir?

Réfraction.

15. Qu'est-ce que la réfraction? — 16. Pourquoi les objets vus à travers une vitre à faces parallèles ne paraissent-ils pas déformés ou modifiés dans leurs dimensions? — 17. Qu'est-ce qu'une lentille, et quelles en sont les diverses sortes? — 18. Qu'est le foyer principal des lentilles convergentes, et comment s'y forment les images? — 19. Qu'est le foyer principal des lentilles divergentes, et comment s'y forme l'image?

Décomposition de la lumière.

20. Y a-t-il plusieurs sortes de lumière? — 21. Comment se comportent les diverses sortes de rayons lumineux dans la réflexion et la réfraction? — 22. Qu'est-ce qu'un prisme? — 23. Comment la lumière blanche est-elle décomposée en traversant un prisme? — 24. Quels spectres obtient-on avec des lumières diversement colorées? — 25. Comment explique-t-on la coloration des corps transparents? — 26. Comment explique-t-on la coloration des corps opaques? — 27. Expliquer la formation de l'arc-en-ciel.

DIXIÈME LEÇON

ACOUSTIQUE.

1. L'acoustique est l'étude du son.

2. La cause du son est un mouvement alternatif, régulier et très rapide des corps sonores (*mouvement vibratoire*). Ce mouvement se communique par l'air à l'organe de l'ouïe.

3. Les corps solides sonores sont ceux qui sont doués d'élasticité. Les liquides et les gaz étant élastiques, sont tous sonores.

4. Le son présente trois qualités : la *hauteur*, l'*intensité* et le *timbre*.

5. **Hauteur du son** (sons aigus et sons graves). — La hauteur dépend de la rapidité du mouvement vibratoire. Plus le nombre de vibrations exécutées en une seconde est grand, plus le son est aigu.

6. **Intensité.** — Elle dépend de l'amplitude des vibrations, c'est-à-dire de l'étendue de l'espace parcouru par la partie vibrante du corps sonore entre ses deux positions extrêmes.

7. **Timbre.** — Qualité particulière qui fait que deux sons de même hauteur, produits par deux corps sonores différents, ne peuvent être confondus, ce qui est dû à la production simultanée de différents sons moins intenses que le son principal.

*__Limites des sons perceptibles.__ — Les sons que l'oreille peut saisir sont compris entre des limites très écartées. Certains observateurs ont entendu des sons graves de 8 vibrations par seconde, et des sons aigus de 36,000. Mais ces résultats, d'ailleurs contestés, dépendent des individus, et dans les divers instruments de musique on ne fait usage que d'une échelle plus restreinte, de 65 vibrations à 4,000 environ.

Intervalles et gammes. — L'oreille apprécie les rapports entre les nombres des vibrations. Ces rapports servant à définir exactement les *intervalles musicaux*. Ainsi si on représente par 1 le nombre de vibrations exécutées par la tonique d'une gamme majeure quelconque, les autres sons de cette gamme présenteront des nombres de vibrations qui seront dans les rapports suivants avec le premier :

$$1, \quad \frac{9}{8}, \quad \frac{5}{4}, \quad \frac{4}{3}, \quad \frac{3}{2}, \quad \frac{5}{3}, \quad \frac{15}{8}, \quad 2.$$

Do,   ré,   mi,   fa,   sol,   la,   si,   do.

L'art musical exigeant un point de repère pour tous les instruments et les diverses voix, on est convenu que le *la* que l'on écrit sur le deuxième interligne en clef de sol, ferait 870 vibrations par seconde.

Le *diapason* est un petit instrument destiné à donner ce *la*.

PROPAGATION ET RÉFLEXION.

8. Le son se propage par la communication du mouvement vibratoire à l'air ou aux corps liquides et solides interposés entre le corps sonore et notre oreille. Il en résulte que le son ne peut pas se propager dans le vide.

9. La vitesse de propagation dans l'air est de 340 mèt. par seconde à la température de 16 degrés. Dans l'eau elle est de près de 1,200 mètres. Dans les corps solides elle est plus grande encore ; on a constaté une vitesse d'environ 3,000 mètres dans le bois de sapin.

10. Le son s'affaiblit avec la distance parce que l'ébranlement se propageant en tous sens, se répand sur une étendue de plus en plus grande. Dans les tuyaux de caoutchouc, dits *tuyaux acoustiques*, qui servent à parler à distance, la section ébranlée étant toujours la même, le son conserve partout son intensité.

11. Le son se propage avec la même vitesse dans l'air en mouvement que dans l'air calme ; le vent n'a d'autre effet que d'en diminuer l'intensité s'il souffle en sens contraire de la propagation.

12. Lorsque le son rencontre en se propageant un obstacle d'une élasticité différente de celle du milieu où il se propage, il se réfléchit sur la surface de cet

obstacle comme la lumière sur un miroir, et suivant les mêmes lois géométriques. C'est le phénomène de l'*écho*.

13. Quand la distance à laquelle se fait la réflexion est trop faible pour que le son réfléchi soit distinct du son émis, il y a simplement *renforcement*, c'est-à-dire augmentation de l'intensité.

14. Quand cette distance est juste assez grande pour que la durée du son réfléchi dépasse un peu celle du son émis sans qu'on puisse toutefois distinguer les deux sons, on dit qu'il y a *résonance ;* c'est ce qu'on observe dans les grandes salles, les églises vides.

Remarque sur les échos. — Pour que le son réfléchi soit distinct du son émis, il faut évidemment que ce dernier n'ait pas une trop longue durée. C'est ainsi qu'un cri, une détonation, donnent en général une répétition plus nette qu'un mot. Supposons que la durée de la prononciation d'un mot soit de $\frac{1}{10}$ de seconde, la première syllabe du mot, pendant ce temps parcourra $\frac{340}{10}$ ou 34 mètres, soit 17 mètres à l'aller, 17 au retour. Si l'obstacle faisant écho est situé à 17 mètres, on entendra la répétition du mot à la suite de sa prononciation directe, et sans interruption. Au-delà de cette distance il y aura une interruption plus ou moins longue, permettant au besoin de prononcer d'autres mots ; tandis qu'en deçà, les deux mots empiéteront l'un sur l'autre.

Il est à remarquer que les obstacles n'ont pas besoin, pour réfléchir le son, d'être durs ou d'avoir une surface exactement unie : un rideau d'arbres, des rochers, des nuages même peuvent faire écho. Les surfaces concaves produisent des foyers réels où les ondes sonores se concentrent, suivant les mêmes lois géométriques que dans les miroirs convergents.

QUESTIONNAIRE.

1. Qu'est-ce que l'acoustique? — 2. Quelle est la cause du son? — 3. Quels sont les corps qui peuvent rendre des sons? — 4. Quelles sont les trois qualités du son? — 5. Qu'est-ce que la hauteur? — 6. De quoi dépend l'intensité? — 7. Qu'est-ce que le timbre? — 8. Comment le son se propage-t-il? — 9. Quelle est la vitesse de propagation? — 10. Pourquoi l'intensité du son s'affaiblit-elle avec la distance? — 11. Le vent a-t-il une influence sur la vitesse de propagation dans l'air? — 12. En quoi consiste le phénomène de l'*écho?* — 13. Dans quel cas les obstacles produisent-ils le renforcement du son? — 14. Dans quel cas produisent-ils la résonance?

CHIMIE

PREMIÈRE LEÇON
Corps simples. — Combinaisons.

1. La chimie est la science qui s'occupe des transformations que peuvent subir les corps, et des propriétés particulières qui dépendent de leur constitution intime.

2. Il y a deux sortes de corps : les *corps simples*, qui n'ont jamais pu être décomposés, et les *corps composés*, formés de la réunion de deux ou plusieurs corps simples.

Le *fer*, le *charbon*, sont des corps simples.

L'*eau*, la *craie*, sont des corps composés.

3. On appelle *combinaison* le phénomène dans lequel deux corps s'unissent entre eux ; on désigne aussi par le même mot le produit qui en résulte.

4. **Loi des proportions définies.**—Dans toute combinaison il existe un rapport constant et bien défini entre les poids des corps constituants.

5. D'après cette loi on pourra toujours distinguer une *combinaison* d'un *mélange*, car dans ce dernier les proportions sont variables et peuvent être choisies arbitrairement.

6. Principe de Lavoisier.—La somme des poids des corps constituants forme un total égal au poids du corps composé ; c'est ce que *Lavoisier* a énoncé en ces termes : « Rien ne se perd, rien ne se crée dans la nature. »

7. Les corps simples sont très nombreux. On les divise en métaux et métalloïdes.

8. Les métaux les plus connus et qui se rencontrent dans les corps composés les plus usuels sont :

L'hydrogène.	Le zinc.	Le plomb.
Le potassium.	Le fer.	L'argent.
Le sodium.	Le manganèse.	L'or.
Le calcium.	Le nickel.	Le platine.
L'aluminium.	Le cuivre.	Le mercure.

9. Les métalloïdes qui entrent dans la composition des corps les plus usuels sont :

L'oxygène.	Le phosphore.	L'iode.
Le soufre.	L'arsenic.	Le carbone.
L'azote.	Le chlore.	Le silicium.

Equivalents chimiques

*10. L'expérience a démontré qu'il existe pour chaque corps simple un poids tel, que les combinaisons des corps simples entre eux ont toujours lieu suivant des multiples de ces poids individuels par des nombres très simples, tels que :

$$1, \quad 1\,^{1}/_{2}, \quad 2, \quad 2\,^{1}/_{2}, \quad 3, \quad 4, \quad 5, \quad \text{etc.}$$

On appelle ces poids *équivalents*, parce qu'ils représentent les quantités qui peuvent se remplacer dans les combinaisons chimiques.

*11. Les équivalents n'étant autre chose que des rapports de poids, il peut y avoir autant de systèmes d'équivalents qu'on voudra. On est convenu de les rapporter tous à celui de *l'hydrogène* pris pour unité, parce qu'il se trouve que, dans ce cas, la plupart des autres deviennent des nombres entiers.

Exemples : On verra plus tard que l'eau est formée, en poids, de 1/9 d'hydrogène et de 8/9 d'oxygène. soit :

> 1 gr.   ou   1 équivalent d'hydrogène.
>
> 8 gr.   ou   1 équivalent d'oxygène.
>
> Total : 9 gr. d'eau ou 1 équivalent d'eau.

Quand on décompose l'eau par le zinc et l'acide sulfurique dans la préparation de l'hydrogène, le zinc remplace ce gaz dans sa combinaison avec l'oxygène, et on trouve que le poids 32 gr. de zinc se combine à 8 gr. d'oxygène, et par conséquent équivaut à 1 gr. d'hydrogène ; donc 32 est *l'équivalent* du zinc.

D'autre part, le zinc mis en contact avec *l'acide chlorhydrique* décompose cet acide et y remplace aussi l'hydrogène en se combinant au chlore. Nous savons déjà que 32 gr. de zinc remplaceront 1 gr. d'hydrogène, et l'expérience nous prouve que le nouveau corps formé, nommé chlorure de zinc contient :

> Zinc. . . . . . . 32 gr.
> Chlore 35,5

Donc 35,5 est *l'équivalent* du chlore.

Notation chimique.

*12. On convient de représenter chacun des équivalents, par une ou plusieurs lettres qui rappellent le nom du corps et qui en sont le symbole : par exemple, 1 d'oxygène est représenté par la lettre O ; 1 d'hydrogène par la lettre H.

*13. En plaçant les uns à côté des autres ces symboles et y ajoutant, si c'est nécessaire, des chiffres indiquant le nombre d'équivalents qu'il faut prendre, on a les *formules* des corps composés : par exemple HO est la formule de l'eau, CO^2 celle de l'acide carbonique, ce qui signifie que l'eau est formée de

$$H = 1 \text{ gr. d'hydrogène.}$$
$$O = 8 \text{ gr. d'oxygène.}$$

Total : HO = 9 gr. d'eau.

Ou bien que l'acide carbonique contient :

$$C = 6 \text{ gr. de carbone.}$$
$$O^2 = 16 \text{ gr. d'oxygène.}$$

$$CO^2 = 22 \text{ gr. d'acide carbonique.}$$

*14. Enfin, en appliquant le principe de Lavoisier que rien ne se perd ni ne se crée dans les réactions chimiques, on pourra écrire d'une part les formules des corps mis en présence et de l'autre celles des nouveaux corps qui ont pris naissance dans la réaction, puis les réunir par le signe =. On aura ainsi l'*équation* de la réaction.

ÉQUIVALENTS DES PRINCIPAUX CORPS SIMPLES.

Métalloïdes.

Oxygène.........	O = 8	Chlore.......... Cl = 35,5
Azote...........	Az = 14	Phosphore....... Ph = 31
Soufre.........	S = 16	Carbone........ C = 6

Métaux.

Hydrogène.......	H = 1	Fer.......... Fe = 28
Potassium.......	K = 39,1	Plomb .... Pb = 103
Sodium.........	Na = 23	Zinc.......... Zn = 32
Calcium.........	Ca = 20	Cuivre........ Cu = 31,75
Aluminium.......	Al = 13,75	Argent........ Ag = 100

L'air.

15. L'air n'est pas une combinaison, mais un mélange d'*oxygène* et d'*azote*; ces deux corps sont à l'état gazeux à la température ordinaire.

16. Leur proportion dans ce mélange est, en nombres ronds, sur 1 mètre cube d'air : 792 litres d'azote et 208 litres d'oxygène.

17. L'air contient en outre une petite quantité de gaz acide carbonique qui ne dépasse jamais 4 litres par mètre cube, et une quantité variable de vapeur d'eau.

18. Oxygène. — Gaz un peu plus lourd que l'air; (poids du litre, $1^g,43$ à zéro, et sous la pression 760^{mm}), incolore et inodore, un peu soluble dans l'eau.

19. Il se combine en général avec la plupart des corps, en dégageant de la chaleur et de la lumière. C'est ce qu'on appelle la combustion.

20. La flamme est formée par les gaz, produits de la

combustion, devenus incandescents par suite de la haute température à laquelle ils sont portés.

21. La combustion est plus vive dans l'oxygène pur que dans l'air ; c'est un moyen de reconnaître ce gaz ; une allumette en bois dont on a soufflé la flamme et qui ne présente plus que quelques points rouges, se rallume immédiatement si on la plonge dans l'oxygène pur.

22. Il y a des cas où la combinaison des corps avec l'oxygène n'est pas accompagnée de lumière et ne dégage qu'une chaleur souvent très faible *(combustion lente)*, Exemples : le fer qui se rouille, la décomposition des matières animales et végétales. La respiration est aussi une combustion : l'oxygène que le sang vient puiser dans l'air va brûler du carbone dans les organes. Il y a production d'une chaleur très sensible, c'est la *chaleur animale*.

23. C'est l'oxygène qui entretient la respiration. Les animaux aériens ne peuvent pas vivre dans un mélange gazeux qui ne renfermerait pas d'oxygène, et les animaux aquatiques périraient dans une eau qui ne contiendrait pas d'oxygène en dissolution.

24. **Préparation de l'oxygène.** — L'oxygène pur se prépare par divers procédés, dont le plus usité est la décomposition par la chaleur du *clhorate de potasse*.

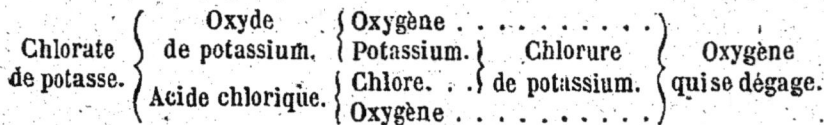

Chlorate de potasse. { Oxyde de potassium. { Oxygène . . . . . } Chlorure { Oxygène qui se dégage. Acide chlorique. { Potassium. } de potassium. Chlore. . { Oxygène . . . . .

Équation de cette préparation :

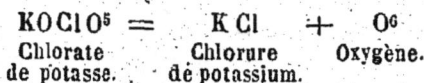

$$KClO^5 = KCl + O^6$$
Chlorate de potasse.   Chlorure de potassium.   Oxygène.

Cette opération exige que l'on chauffe à 300 degrés environ le chlorate de potasse, soit dans un ballon de verre, soit dans une petite cornue de fonte, quand on veut en produire des quantités plus considérables.

25. **Azote**. — Gaz un peu plus léger que l'air (poids du litre, 1^g,25 à zéro, et sous la pression 760^{mm}), incolore et inodore; ne sert ni à la respiration, ni à la combustion. Dans l'air, il modère les effets comburants de l'oxygène.

Acides, bases et corps neutres.

26. L'oxygène ayant une grande importance parce qu'il est très répandu à la surface de la terre, a servi à établir la classification des corps composés.

27. Les corps composés se divisent en *acides, bases, sels* et *corps neutres*.

28. **Acides**. — Saveur aigre ou piquante; rougissant la teinture de tournesol; formés en général de l'union de l'oxygène et d'un métalloïde.

Exemples : acide sulfurique, acide carbonique.

29. **Bases** ou quelquefois **alcalis**. — Saveur astringente ou savonneuse, bleuissent la teinture de tournesol rougie par un acide; proviennent en général de l'union de l'oxygène avec un métal. Exemple : la chaux, la potasse caustique.

30. **Sels**. — Combinaison d'un acide avec une base. Exemple : le *salpêtre* ou *azotate de potasse* est une combinaison d'acide azotique avec l'oxyde de potassium.

31. **Corps neutres**. — Tout corps qui n'est ni acide, ni base, ni sel, est appelé *neutre*.

32. Il existe des acides et des bases d'une composition plus compliquée, on les rencontre surtout dans les corps que nous fournissent le règne animal et le règne végétal.

Exemples d'acides : l'*acide acétique* du vinaigre, l'*acide tartrique* du vin.

Exemples de bases : l'*alcali volatil* ou *ammoniaque* la *quinine*, etc.

33. En général les acides, les bases et les sels renferment de l'oxygène ; cependant, il y a des acides formés d'hydrogène et d'un métalloïde ; on les appelle *hydracides*.

34. **Nomenclature chimique.** — Les acides portent des noms qui rappellent le corps qu'ils renferment en combinaison avec l'oxygène. Exemple : acide *carbonique*, carbone et oxygène.

35. Les deux terminaisons *ique* et *eux*, appliquées au même radical, désignent des acides plus ou moins oxygénés ; l'acide *phosphorique* renferme plus d'oxygène que l'acide *phosphoreux*.

36. Les hydracides se nomment en ajoutant la terminaison *hydrique* au nom du métalloïde : *acide chlor-hydrique*.

37. Les combinaisons des métaux avec l'oxygène portent le nom d'*oxydes*.

Protoxyde, signifie le premier oxyde, celui qui contient le moins d'oxygène ; — *bioxyde*, celui qui contient deux fois plus d'oxygène que le protoxyde ; — *sesquioxyde*, celui qui contient une fois et demie plus d'oxygène que le protoxyde ; — *peroxyde*, le plus oxygéné de tous les oxydes.

38. Les sels prennent un nom générique formé du nom de l'acide, en changeant *ique* en *ate* et *eux* en *ite*.

Ainsi, par exemple, l'acide carbonique donne des sels appelés *carbonates*, l'acide azoteux, des sels appelés *azotites*.

On en désigne l'espèce en ajoutant le nom de la base : *carbonate d'oxyde de plomb* ou plus simplement : *carbonate de plomb ; azotate d'oxyde d'argent*, ou *azotate d'argent*.

39. Les composés binaires non oxygénés forment leur nom avec celui d'un des deux corps simples auquel on donne la terminaison *ure*. Exemple : *chlorure de sodium*.

QUESTIONNAIRE.

Corps simples. — Combinaisons.

1. Qu'est-ce que la chimie ? — 2. Combien y a-t-il de sortes de corps? — 3. Qu'entend-on par combinaison ? — 4. Énoncez la loi des proportions définies? — 5. Quelle différence y a-t-il entre une combinaison et un mélange? — 6. Enoncez le principe de Lavoisier? — 7. Comment divise-t-on les corps simples ? — 8. Citez quelques-uns des métaux les plus connus ? — 9. Citez les métalloïdes les plus importants ? — 10. Qu'appelle-t-on *équivalents?* — 11. Quel est le système d'équivalents adopté ? — 12. Comment représente-t-on les symboles? — 13. En quoi consiste une formule? — 14. Comment écrit-on une équation chimique?

L'air.

15. Qu'est-ce que l'air? — 16. Dans quelles proportions sont mélangés les deux gaz qui composent l'air ? — 17. N'y a-t-il pas dans l'air d'autres gaz que l'azote et l'oxygène ? — 18. Quelles sont les propriétés de l'oxygène? — 19. Qu'est-ce que la combustion? — 20. Qu'est-ce que la flamme? — 21. Comment reconnaît-on l'oxygène pur ? — 22. N'y a-t-il pas des cas de combustion lente ? — 23. L'oxygène est-il utile aux animaux ? — 24. Comment prépare-t-on l'oxygène? — 25. Qu'est-ce que l'azote?

Acides, bases et corps neutres.

26. Comment a été établie la classification des corps composés? — 27. Quels noms donne-t-on aux divers corps composés? — 28. Quelles sont les propriétés des acides ? — 29. Des bases? — 30. Qu'est-ce qu'un sel? — 31. Qu'est-ce qu'un corps neutre ? — 32. N'existe-t-il pas d'autres acides et d'autres bases que ceux que forme l'oxygène avec un corps simple? — 33. Y a-t-il des acides qui ne contiennent pas d'oxygène? — 34. Comment nomme-t-on les acides ? — 35. Que signifient les terminaisons *ique* et *eux*? — 36. Comment nomme-t-on les hydracides? — 37. Les combinaisons oxygénées des métaux? — 38. Les sels? — 39. Les corps neutres?

DEUXIÈME LEÇON

Hydrogène. — Eau. — Acide azotique. Ammoniaque.

HYDROGÈNE.

1. **Hydrogène.** — Gaz incolore et inodore quand il est pur ; 1 litre pèse $0^{gr},097$ à zéro et sous la pression 760^{mm}. — Il est combustible et donne de la vapeur d'eau en se combinant avec l'oxygène.

2. *Préparation*. Décomposition de la vapeur d'eau par le fer rouge ; — décomposition de l'eau à froid par le zinc et l'acide sulfurique.

Eau . . . . { Hydrogène. . . . . (Se dégage.)
{ Oxygène. . } Oxyde } Sulfate
Zinc. . . . . } de zinc. } de zinc.
Acide sulfurique. . . . . }

*Equation de cette préparation :

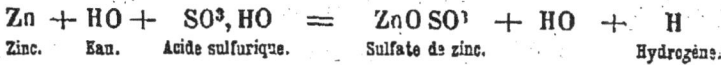

$$Zn + HO + SO^3, HO = ZnO SO^3 + HO + H$$

Zinc.   Eau.   Acide sulfurique.   Sulfate de zinc.   Hydrogène.

3. Mélange détonants. — Tous les gaz et toutes les vapeurs combustibles, mélangés à l'oxygène, détonent par l'approche d'un corps enflammé ou par une étincelle électrique. Le mélange d'hydrogène et d'oxygène, et même celui de l'hydrogène et d'air, sont dans ce cas.

EAU.

4. Composition de l'eau. — En poids : 8 gr. d'oxygène et 1 gr. d'hydrogène ; en volume : 2 volumes d'hydrogène se combinent avec 1 volume d'oxygène, et la vapeur d'eau formée occupe 2 volumes.

5. L'eau se solidifie à zéro et cristallise en aiguilles.

FIGURE 53.

C'est la réunion de ces petites aiguilles qui forme les étoiles hexagonales de la neige (fig. 53). La glace est plus légère que l'eau.

6. L'eau bout à 100 degrés centigrades sous la pression ordinaire. La vapeur d'eau est beaucoup plus légère que l'air (poids du litre : 0^g806).

7. L'eau dissout un grand nombre de corps solides, tels que des acides, des sels et beaucoup de substances organiques oxygénées.

Elle dissout aussi très bien certains gaz ; dans ce cas la quantité de gaz dissous est proportionnelle à la pression (eau de selz, boissons gazeuses).

8. Usages ; eau potable. — C'est celle qui est destinée à la boisson et à la préparation des aliments. Elle
doit contenir de l'oxygène en dissolution (eau aérée), et
ne renfermer que très peu de carbonate de chaux. Une
bonne eau potable doit présenter un goût agréable et ne
se troubler que très légèrement par l'ébullition.

9. Hygiène. — Éviter l'emploi des eaux stagnantes
ou de marais, ou bien ne s'en servir qu'après les avoir
fait bouillir. Filtrer les eaux de rivière. Ajouter aux
eaux trop calcaires une pincée par litre de bicarbonate
de soude (sel de Vichy), avant d'y faire cuire des légu-
mes. Enfin ne jamais faire usage des eaux qui ont été
recueillies dans un terrain gypseux (pierre à plâtre).

10. Eau destinée au lavage. — Le carbonate et le
sulfate de chaux s'opposent à la dissolution du savon ;
il se forme des grumeaux, combinaison insoluble de la
chaux avec l'acide gras du savon.

11. On peut reconnaître la pureté d'une eau en
essayant d'y dissoudre peu à peu du savon : on voit
combien il faut en ajouter pour obtenir une mousse persis-
tante. Lorsqu'une eau renferme trop de sels calcaires, on
y fait dissoudre à l'avance une cinquantaine de grammes
de carbonate de soude (cristaux) pour 10 ou 15 litres
environ. On laisse reposer avant de s'en servir pour le
savonnage.

ACIDE AZOTIQUE ET SALPÊTRES.

12. **Acide azotique** (AzO^5,HO). — C'est la combinaison la plus oxygénée de l'azote et de l'oxygène.
Liquide très corrosif, fumant à l'air quand il est concen-

tré ; connu dans le commerce sous les noms d'*acide nitrique* et *eau-forte*.

13. **Usages.** — Décapage des métaux ; gravure et lithographie ; préparation du pyroxyle, du collodion, de la nitroglycérine de la nitrobenzine et de l'acide picrique.

14. **Salpêtres.** — Azotate de potasse, azotate de chaux et azotate de soude. Les deux premiers se rencontrent dans les murs humides et le sol des écuries ; le dernier s'exploite au Chili et au Pérou.

15. Le salpêtre (azotates de potasse et de soude) sert à la préparation de l'acide azotique et à la fabrication de la poudre.

16. **Poudre.** — Mélange intime de salpêtre, de soufre et de charbon. Le salpêtre fournit de l'oxygène au soufre et au charbon, qui brûlent en produisant des gaz d'une tension considérable.

17. **Autres matières explosives.** — *Pyroxyle* ou *Coton-poudre*, coton qui a été immergé dans l'acide azotique concentré. Applications : torpilles, collodion.

— *Nitro-glycérine*, glycérine versée dans de l'acide azotique. C'est un liquide huileux, d'une force d'explosion extraordinaire. On en imbibe une sorte de sable fin ou de tripoli, ce qui constitue la *dynamite*.

AMMONIAQUE.

18. **Gaz ammoniac** (AzH^3). — Combinaison d'azote et d'hydrogène, très soluble dans l'eau : *ammoniaque liquide* ou *alcali volatil*.

19. Ce corps se produit dans toutes les décompositions

des substances organiques où l'azote se trouve en contact avec l'hydrogène. La fabrication du gaz de l'éclairage fournit la presque totalité de l'ammoniaque employée dans l'industrie chimique.

20. L'ammoniaque est une base et se combine aux acides pour donner les sels ammoniacaux : *Chlorhydrate d'ammoniaque* ou sel ammoniac des ferblantiers ; — *Sulfate d'ammoniaque*, employé dans la fabrication des engrais artificiels.

* **Composition des sels ammonicaux.** — Le gaz ammoniac se combine directement aux hydracides ; le chlorhydrate d'ammoniaque a pour formule AzH^3, HCl, mais dans ses combinaisons avec les acides oxygénés il y a un équivalent d'eau en plus, ainsi l'azotate d'ammoniaque a pour formule AzH^3, HO, AzO^5.

21. L'alcali volatil est aussi employé comme caustique pour combattre l'action du venin des vipères. Il dissout très bien les corps gras et peut servir à dégraisser les étoffes de laine.

QUESTIONNAIRE.

Hydrogène. — Eau.

1. Qu'est-ce que l'hydrogène ? — 2. Comment le prépare-t-on ? — 3. Qu'est-ce qu'un mélange détonant ? — 4. Quelle est la composition de l'eau ? — 5. L'eau se solidifie-t-elle ? — 6. L'eau se vaporise-t-elle ? — 7. Quels sont les corps que l'eau peut dissoudre ? — 8. Qu'est-ce que l'on entend par eau potable, et à quoi reconnait-on une bonne eau potable ? — 9. Quelles sont les recommandations hygiéniques relatives à l'eau potable ? — 10. Quels sont les corps nuisibles que peut renfermer l'eau destinée au lavage ? — 11. Comment peut-on reconnaître qu'une eau est bonne pour cet usage ?

Acide azotique et salpêtres.

12. Qu'est-ce que l'acide azotique? — 13. Citez ses principaux usages? — 14. Quels sont les sels appelés salpêtres ? — 15. A quoi servent-ils? — 16. Quelle est la composition de la poudre? — 17. Citez quelques autres matières explosives.

Ammoniaque.

18. Qu'est-ce que le gaz ammoniac? — 19. Dans quelles circonstances se produit-il ? — 20. Quelle est sa principale propriété chimique ? — 21. Citez quelques autres propriétés.

TROISIÈME LEÇON

Carbone. — Acide carbonique. — Carbures d'hydrogène.

CARBONE (C = 6).

1. Le **carbone** est un corps simple très répandu et qui se présente sous des formes diverses. Quand on chauffe des produits animaux ou végétaux à l'abri de l'oxygène, on obtient toujours un résidu ou *charbon* constitué en majeure partie par du carbone.

2. Le *charbon de bois* s'obtient par la calcination du bois; le *coke* par celle de la houille; ces deux charbons sont employés au chauffage. Le *noir animal* ou charbon d'os est le résidu de la calcination des os; il s'emploie pour décolorer et filtrer les sirops et sert aussi en peinture.

3. Fabrication du charbon de bois. — Cette fabrication se fait de deux manières : 1º calcination du bois en *meules* ou procédé des forêts, dans lequel on laisse perdre les produits volatils de la décomposition ; 2º distillation dans des appareils perfectionnés, qui permettent de recueillir ces produits (acide acétique, esprit de bois).

4. Il existe aussi deux corps naturels formés de carbone pur : le *diamant,* transparent, d'un vif éclat, le plus dur de tous les corps ; et le *graphite*, noir, opaque, très tendre (plombagine, mine de plomb des crayons).

COMBINAISONS DU CARBONE ET DE L'OXYGÈNE.

5. Combution du carbone. — Le carbone en se combinant à l'oxygène, donne de l'*acide carbonique.*

6. L'**acide carbonique** (CO^2) est gazeux à la température ordinaire, se liquéfie à 78 degrés au-dessous de zéro, sous la pression ordinaire, et à zéro sous une pression de 36 atmosphères. Plus lourd que l'air : 1 litre pèse 1^{gr},97 sous la pression de 760^{mm}. Impropre à la respiration et à la combustion.

7. L'eau dissout son volume d'acide carbonique. Cette dissolution a un goût acide, rougit la teinture de tournesol (rouge vineux) et précipite l'eau de chaux ; un excès d'acide redissout le carbonate de chaux formé.

8. Certaines eaux de source ou minérales renferment beaucoup de carbonate de chaux, dissous à la faveur de l'acide carbonique, et l'abandonnent peu à peu en arrivant à l'air, par suite de l'évaporation de ce gaz (stalactites, pétrifications).

9. *Préparation*. On décompose le carbonate de chaux par un acide qui chasse l'acide carbonique en prenant sa place. Les fabricants d'eau de seltz doivent se servir pour cet usage de l'acide sulfurique, le seul qu ne soit pas capable d'introduire des vapeurs nuisibles dans les boissons gazeuses.

Équation de cette préparation :

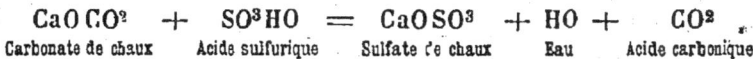

$$CaO\,CO^2 \; + \; SO^3\,HO \; = \; CaO\,SO^3 \; + \; HO \; + \; CO^2$$
Carbonate de chaux   Acide sulfurique   Sulfate de chaux   Eau   Acide carbonique

10. **Oxyde de carbone (CO)**. — Gaz très vénéneux, moins oxygéné que l'acide carbonique. Il est combustible et se transforme en acide carbonique en brûlant.

11. Il se forme par l'action de l'acide carbonique sur le charbon chauffé au rouge : réchauds trop surchargés de charbon, poêles en fonte dont on laisse rougir les parois.

12. **Asphyxie**. — L'acide carbonique se dégage des cuves en fermentation et souvent aussi des fissures du sol : les ouvriers qui foulent le raisin ou qui creusent des puits peuvent se trouver exposés à être asphyxiés par ce gaz. Il est utile de savoir que l'acide carbonique, en se mélangeant à l'air, commence à devenir dangereux longtemps avant que tout l'oxygène ait disparu. Si donc on croit devoir essayer une atmosphère en y introduisant une bougie allumée, il faut faire attention que son extinction prouve bien le manque d'oxygène, mais qu'on ne peut rien conclure de ce qu'elle reste allumée. Un air asphyxiant peut encore contenir plus de 10 p. 100 d'oxygène, et laisser brûler une bougie sans que la flamme en paraisse affaiblie. Il est toujours prudent d'agiter l'air avant de descendre dans une atmosphère suspecte.

Quand aux réchauds allumés, ils donnent la mort surtout par l'oxyde de carbone qu'ils dégagent et qui est très vénéneux.

13. Le carbone et l'hydrogène donnent un grand nombre de composés que l'on rencontre surtout dans le règne végétal ou qui proviennent de modifications subies par des matières végétales. Voici les principaux de ces composés :

14. **Hydrogène bicarboné.**— Gaz plus léger que l'air, combustible ; donne en brûlant de la vapeur d'eau et de l'acide carbonique. Mélangé à une petite quantité d'autres gaz carbonés, il constitue le gaz de l'éclairage.

15. **Préparation du gaz de l'éclairage.**— La houille est placée dans des cornues de fonte et chauffée au rouge ; il se dégage, outre le gaz combustible, les produits suivants :

1º Des *sels ammoniacaux* que l'on recueille au sortir des cornues dans de l'eau froide ;

2º Du *goudron*, mélange de carbures d'hydrogène solides et liquides, qui se condensent en partie dans l'eau froide, en partie dans de gros tubes de fer disposés à la suite ;

3º Du gaz *acide carbonique* et du gaz *hydrogène sulfuré*, que l'on absorbe par un mélange de chaux et de sulfure de fer (*épurateurs*).

A la sortie des épurateurs, le gaz s'emmagasine dans les *gazomètres*, sortes de grandes cloches en tôle placées sur des cuves pleines d'eau, d'où on le fait passer ensuite dans des tuyaux de distribution au moyen d'une pression convenable.

16. Goudron, Benzine. — Du goudron des usines à gaz on extrait par distillation un certain nombre de produits utiles, parmi lesquels la *benzine*, liquide volatil et combustible.

C'est avec ces divers produits de la distillation du goudron qu'on prépare l'*aniline* et certaines matières colorantes telles que la *rosaniline* (fuchsine) et l'*alizarine* (matière colorante rouge).

17. Hydrogène protocarboné. — Gaz qui se dégage spontanément dans la décomposition des matières végétales (gaz des marais). Il se rencontre aussi dans les fissures du terrain houiller où il occasionne souvent des explosions (*feu grisou*).

18. Pour se mettre à l'abri des explosions de ce gaz dans les mines, on fait usage de la lampe de Davy, dont la flamme est séparée de l'atmosphère extérieure par une toile métallique. Si le gaz détonant pénètre au travers de cette toile, il y brûle à l'intérieur et ne communique pas son inflammation à l'atmosphère de la galerie.

19. Pétroles. — Liquides combustibles contenus dans certaines couches de terrains, d'où on les extrait au moyen de puits forés. (Régions du Caucase, Canada, Pérou, Trinité ; en France, département de l'Hérault.)

20. Par distillation on en extrait divers produits, parmi lesquels il faut citer : 1° une huile, non volatile, servant à l'éclairage ; 2° divers liquides volatils (essences) qui s'enflamment à distance parce que leur vapeur forme avec l'air un mélange détonant. On les brûle dans des lampes d'une forme spéciale.

21. Bitume ou asphalte. — C'est un carbure d'hydrogène solide, noir et un peu élastique, très fusible. On en fait des enduits, des trottoirs, etc.

22. Résines. — Certains arbres laissent écouler des blessures qu'on fait à leur écorce des carbures d'hydrogène visqueux, qui se solidifient à l'air *(résines)*.

23. Essence de térébenthine. — Liquide volatil et combustible qui s'extrait par distillation de la résine du pin maritime; sert en peinture et à la confection de certains vernis.

24. Caoutchouc. — On extrait de plusieurs végétaux, au moyen d'incisions pratiquées sur leur écorce, un suc laiteux qui, désséché, devient solide et élastique : c'est le caoutchouc.

25. Le caoutchouc combiné à un peu de soufre conserve son élasticité à toute température *(caoutchouc vulcanisé)*. Si la proportion de soufre est plus considérable, on obtient un corps dur et tenace, de couleur noire, appelé *caoutchouc durci* ou *ébonite*.

QUESTIONNAIRE.

Carbone.

1. Qu'est-ce que le carbone? — **2.** Comment s'obtiennent les diverses espèces de charbons? — **3.** Quels sont les deux procédés de fabrication du charbon de bois? — **4.** Quels sont les deux corps naturels formés de carbone pur?

Combinaison du carbone avec l'oxygène.

5. Quel est le produit de la combustion du carbone? — **6.** Quelles sont les propriétés du gaz acide carbonique? — **7.** Ce gaz est-il soluble dans l'eau. — **8.** Comment explique-t-on la formation des stalactites, etc. — **9.** Comment prépare-t-on l'acide carbonique? — **10.** Qu'est-ce que l'oxyde de carbone? — 11. Dans quelles circonstances ce gaz se forme-t-il?— 12. Dans quels cas se produisent l'asphyxie par l'acide carbonique ou l'empoisonnement par l'oxyde de carbone.

Combinaison du carbone avec l'hydrogène.

13. Où se rencontrent ses combinaisons? — 14. Qu'est-ce que l'hydrogène bicarboné? — 15. Décrivez la préparation du gaz de l'éclairage. — 16. Que retire-t-on du goudron? — 17. Qu'est-ce que l'hydrogène protocarboné? — 18. Comment évite-t-on les explosions dues à ce gaz dans les mines? — 19. Qu'est-ce que les pétroles? — 20. Quels produits en retire-t-on? — 21. Qu'est-ce que le bitume ou asphalte? — 22. D'où proviennent les résines? — 23. Qu'est-ce que l'essence de térébenthine? — 24. D'où extrait-on le caoutchouc? — 25. Quelles sont ses deux modifications industrielles?

QUATRIÈME LEÇON

Soufre. — Phosphore. — Chlore.

SOUFRE.

1. **Soufre** (S = 16). — Corps simple, solide à la température ordinaire, jaune et opaque, électrisable par le frottement et mauvais conducteur de la chaleur ; fond à 110 degrés, bout vers 400 en donnant une vapeur très dense et incolore.

2. Le soufre est insoluble dans l'eau, mais il se dissout dans le sulfure de carbone, la benzine, l'éther et les huiles essentielles.

3. Ce corps se rencontre dans les terrains volcaniques, surtout auprès d'anciens centres d'éruption (Etna, solfatare de Pouzzolle, îles Lipari, Islande et quelques îles du Pacifique).

4. Le soufre brûle avec une flamme bleue et donne en se combinant avec l'oxygène du gaz acide sulfureux (SO^2).

5. **Acide sulfureux.** — Gaz d'une odeur suffocante, très soluble dans l'eau, ayant la propriété de décolorer ou de détruire les substances d'origine végétale ou animale.

6. **Usages du soufre et de l'acide sulfureux.** — Soufrage de la vigne. On se sert pour cela de soufre pulvérisé, ou mieux de *fleur de soufre*, corps pulvérulent, formé de cristaux microscopiques de soufre, obtenus par le refroidissement de la vapeur (sublimation). — Blanchiment à l'acide sulfureux de la laine et de la soie. — Mèches soufrées qu'on fait brûler dans les tonneaux pour détruire les moisissures et leurs germes. — Extinction des feux de cheminée. — Préparation de l'acide sulfurique et de divers autres composés.

7. **Acide sulfurique** (SO^3HO). — Liquide incolore, inodore, huileux et très dense ($d = 1,84$); bout à 325 degrés et peut être distillé.

8. Cet acide absorbe l'eau très rapidement, il décompose même les corps qui contiennent de l'hydrogène et de l'oxygène; c'est pour cela qu'il noircit et charbonne le bois, et qu'il corrode le peau en y produisant une véritable brûlure.

9. Il sert à un grand nombre de préparations de chimie industrielle : acides, soude, engrais et diverses opérations de teinture.

10. On le prépare en ajoutant de l'oxygène à l'acide sulfureux, en présence de l'eau; cet oxygène est fourni par de l'acide azotique.

11. **Hydrogène sulfuré** (HS). — Gaz incolore, d'une odeur fétide, celle des œufs pourris. Il se forme naturellement dans la décomposition des matières organiques qui renferment du soufre et de l'hydrogène.

12. Ce gaz est combustible et forme avec l'oxygène de l'air un mélange détonant.

13. Il noircit la plupart des métaux et leurs composés. Le fer et le zinc font exception.

14. Les peintures destinées à être exposées à l'action de ce gaz (lieux d'aisances, cabinets de bains) doivent renfermer du blanc de zinc au lieu de céruse, qui noircirait sous l'influence de l'hydrogène sulfuré.

15. L'hydrogène sulfuré existe dans la nature; les volcans en activité et certaines eaux minérales en dégagent de grandes quantités (eaux sulfureuses de Barèges, etc.).

16. **Sulfure de carbone** (CS^2). — Liquide volatil et très lourd (densité : 1,263), combustible. Il est formé de la combinaison du soufre et du carbone.

17. Il sert à dissondre le soufre dans la fabrication du caoutchouc vulcanisé, et à préparer les sulfocarbonates que l'on emploie contre le phylloxéra.

PHOSPHORE.

18. **Phosphore** (Ph=31). — Corps solide à la température ordinaire, blanc, translucide et mou, lumineux dans l'obscurité, insoluble dans l'eau. Il fond à 44 degrés et bout à 290. Densité : 1,77.

19. *Combustion lente du phosphore.* Au contact de l'air le phosphore se combine lentement à l'oxygène

.et répand alors une odeur analogue à celle de l'ail. Il se produit ainsi de l'acide phosphoreux (PhO³). .

20. *Combustion vive.* Chauffé dans l'air le phosphore brûle vivement en produisant un nuage blanc formé d'acide phosphorique (PhO⁵).

21. L'acide phosphorique est très corrosif, aussi les brûlures par le phosphore enflammé sont-elles très graves.

22. Le phosphore et la plupart de ses composés sont vénéneux. Il faut en excepter l'acide phosphorique en combinaison avec des bases (phosphates), qui existe d'ailleurs dans le sang et les os des animaux.

23. **Les allumettes.** — Dans les allumettes ordinaires, le phosphore est mélangé à du salpêtre, destiné à fournir de l'oxygène. Le frottement produisant toujours une élévation de température, le phosphore contenu dans la pâte s'enflamme et brûle vivement.

24. Mais ces allumettes présentent deux inconvénients très graves, deux véritables dangers : 1° danger d'incendie à cause de la facilité avec laquelle elles s'enflamment; 2° danger d'empoisonnement, si des enfants les portent à la bouche, ou bien si elles tombent accidentellement dans des aliments en préparation.

25. On évite ces deux dangers en se servant des allumettes préparées au *phosphore rouge,* dites allumettes de sûreté.

Le phosphore *rouge* ou phosphore *amorphe* est une modification du phosphore ordinaire que l'on obtient en maintenant celui-ci en fusion pendant longtemps à une haute température. C'est un corps pulvérulent, d'un brun foncé, incapable de donner de l'acide phosphoreux ni au contact de l'air, ni au contact de l'eau, et par

conséquent incapable de produire des empoisonnements
Les allumettes de cette espèce ne portent à leur extrémité que les substances qui doivent fournir l'oxygène.
Le phosphore est appliqué extérieurement sur la boîte
qui les renferme; cette séparation a pour but d'éviter
toute cause d'inflammation accidentelle.

26. Des engrais artificiels.—Les plantes enlèvent à
la terre de l'azote et des phosphates dont elles ont besoin.
Après la récolte, la terre se trouve donc appauvrie de
ces éléments. Il faut les lui restituer, c'est le rôle des
engrais. Les engrais naturels, c'est-à-dire les *fumiers,*
ne se trouvant pas en quantité suffisante pour les be-
soins de l'agriculture, on y supplée par des mélanges
appelés *engrais artificiels,* qui renferment du *sulfate
d'ammoniaque* pour fournir de l'azote, et du *phosphate
de chaux* pour fournir de l'acide phosphorique.

CHLORE.

27. **Chlore** (Cl=35,5). — Gaz d'un jaune verdâtre,
plus lourd que l'air (1 lit. pèse $3^g,18$ sous la pression
760^{mm}), d'une odeur particulière; ce gaz éteint les corps
en combustion et n'est pas combustible.

28. Il détruit les matières colorantes organiques, et
décompose l'hydrogène sulfuré en s'emparant de son
hydrogène.

29. *Préparations :* on l'extrait de l'acide chlorhydrique au moyen du peroxyde de manganèse.

Formule de la préparation :

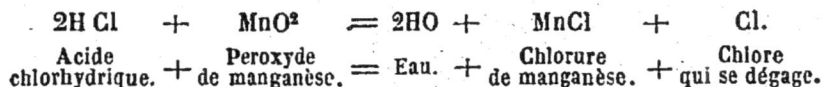

$$2HCl + MnO^2 = 2HO + MnCl + Cl.$$

| Acide chlorhydrique. | + | Peroxyde de manganèse. | = | Eau. | + | Chlorure de manganèse. | + | Chlore qui se dégage. |

On peut aussi l'extraire du sel marin au moyen de l'acide chlorhydrique et du peroxyde de manganèse.

30. **Chlorures décolorants.** — Le chlore forme avec l'oxygène plusieurs acides parmi lesquels il faut citer l'acide *hypochloreux* (ClO^2), dont les sels de potasse, de soude et de chaux constituent les *chlorures décolorants et désinfectants*.

31. *Hypochlorite de chaux.* Corps en poudre, vulgairement appelé *chlore,* et qui sert à la désinfection.

32. *Hypochlorites de soude* ou *de potasse.* Ces sels en dissolution dans l'eau servent à la décoloration sous le nom d'*eau de Javel.*

33. **Acide chlorhydrique** (HCl). — Gaz très soluble dans l'eau, d'une odeur suffocante, rougissant fortement le tournesol. Sa dissolution est l'*esprit de sel* ou *acide muriatique.*

34. On le prépare par l'action de l'acide sulfurique sur le sel marin. C'est l'eau contenue dans cet acide qui fournit l'hydrogène; le sel marin ou chlorure de sodium fournit le chlore.

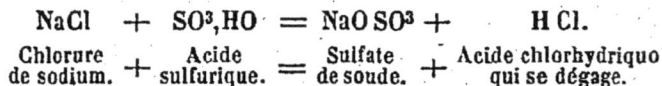

$$NaCl \ + \ SO^3,HO \ = \ NaO\,SO^3 + \ \ H\,Cl.$$

Chlorure de sodium.	+	Acide sulfurique.	=	Sulfate de soude.	+	Acide chlorhydrique qui se dégage.

35. **Usages.** — L'acide chlorhydrique en dissolution, que l'industrie chimique produit en grande quantité dans la transformation du sel marin en sulfate de soude (réaction indiquée ci-dessus), ne sert qu'à la préparation du chlore et des chlorures, et à décaper les métaux qu'on veut souder.

QUESTIONNAIRE.

Soufre.

1. Qu'est-ce que le soufre? — 2. Dans quels liquides ce corps peut-il se dissoudre? — 3. Où se rencontre-t-il dans la nature? — 4. Est-il combustible? — 5. Qu'est-ce que l'acide sulfureux? — 6. Quels sont les usages du soufre et de l'acide sulfureux? — 7. Qu'est-ce que l'acide sulfurique? — 8. Quelle est sa propriété la plus remarquable? — 9. Quels sont ses usages? — 10. Comment le prépare-t-on? — 11. Qu'est-ce que l'hydrogène sulfuré? — 12. Ce gaz est-il combustible? — 13. Quelle est sa propriété la plus remarquable? — 14. Quelle conséquence faut-il en déduire relativement aux peintures exposées aux émanations de ce gaz? — 15. Où trouve-t-on ce gaz dans la nature? — 16. Qu'est-ce que le sulfure de carbone? — 17. Quels sont ses usages?

Phosphore.

18. Quelles sont les propriétés du phosphore? — 19. Que se passe-t-il dans la combustion lente de ce corps? — 20. Quel produit donne-t-il quand il brûle vivement? — 21. Pourquoi les brûlures par le phosphore sont-elles très graves? — 22. Ce corps est-il vénéneux? — 23. Quelle est la composition de la pâte phosphorée des allumettes ordinaires? — 24. Quels en sont les inconvénients? — 25. Comment évite-t-on ces dangers? — 26. En quoi consistent les engrais artificiels.

Chlore.

27. Quelles sont les propriétés physiques du gaz chlore? — 28. Ses propriétés chimiques? — 29. Comment le prépare-t-on? — 30. Citez une combinaison du chlore avec l'oxygène qui entre dans la constitution des chlorures décolorants ou désinfectants. — 31. Qu'est-ce que l'hypochlorite de chaux? — 32. Quels sont les sels dont la dissolution dans l'eau constitue l'eau de Javel? — 33. Qu'est-ce que l'acide chlorhydrique? — 34. Comment prépare-t-on cet acide? — 35. Quels sont ses usages?

CINQUIÈME LEÇON

LES MÉTAUX.

PROPRIÉTÉS SPÉCIALES DES MÉTAUX

1. Les propriétés spéciales qui font utiliser les métaux dans l'industrie sont la *ténacité*, la *malléabilité* et la *ductilité*.

2. La **ténacité** est la propriété d'exiger un certain effort pour se rompre. Le fer est le plus tenace des métaux, le plomb l'un des moins tenaces.

3. La **malléabilité** est la propriété de pouvoir s'étendre sous le choc du marteau ou la pression du laminoir. Le cuivre, l'or, l'argent, le plomb, sont très malléables à froid ; le fer l'est plus au rouge qu'à froid ; le zinc ne le devient qu'entre 100 et 130 degrés.

4. **Applications.** — Cuivre repoussé, fer battu, machines à fabriquer les capsules à bouteilles. Battage des feuilles d'or, d'argent et de cuivre doré pour la dorure sur bois.

5. *Laminoir.* — Deux cylindres très résistants, tournant en sens contraire et ayant entre eux un petit intervalle où l'on engage la plaque métallique qui s'amincit en passant. Les laminoirs qui servent à faire les barres de fer et les rails sont cannelés transversalement.

6. La **ductilité** est la propriété de se laisser étirer

en fils. L'argent, le platine, l'or et le fer sont les métaux les plus ductiles.

7. *Filière.* — Pour fabriquer des fils métalliques, on force le métal déjà sous forme de barre à passer par une ouverture étroite percée dans une plaque d'acier fixe appelée *filière*, en tirant sur le fil qui a déjà passé.

8. Les métaux qui sont à peu près inaltérables à l'air sont l'or, l'argent, le platine et l'étain.

9. Tous les autres absorbent plus ou moins rapidement l'oxygène de l'air (s'oxydent), surtout sous l'influence de l'humidité ou des vapeurs acides répandues accidentellement dans l'atmosphère.

10. Le fer s'oxyde graduellement et complètement dans cette circonstance, tandis que la couche d'oxyde forme sur les autres métaux un vernis qui s'oppose à l'action ultérieure de l'oxygène.

11. On préserve les métaux de l'oxydation, soit par une couche de peinture ou de vernis, soit en les recouvrant d'un autre métal inaltérable (fer et cuivre étamés, fer zingué, etc.).

EXTRACTION DES MÉTAUX.

12. On appelle *métaux natifs* ceux qu'on rencontre à l'état pur dans le sein de la terre. Les principaux sont l'or, le platine, l'argent et le cuivre.

13. **Minerais.** — On désigne ainsi tous les composés naturels dont on extrait les métaux.

14. Les minerais et les métaux natifs sont presque toujours engagés dans des substances pierreuses ; c'est ce qu'on appelle la *gangue.* On les en sépare en pul-

vérisant le tout ensemble et lavant le mélange par un courant d'eau qui dépose d'abord les substances métalliques et entraîne plus loin la gangue, plus légère.

*15. Il y a deux catégories de minerais : les oxydes et autres composés oxygénés, tels que carbonates, etc., et les sulfures ou arséniures, qu'on appelle aussi *minerais pyriteux*.

*16. MINERAIS OXYGÉNÉS :

De fer : oligiste, hématite, limonite, ocre (oxydes), fer spathique (carbonate) ;

D'étain : cassitérite (oxyde) ;

De zinc : calamine (silico-carbonate) ;

De cuivre : azurite et malachite (carbonates).

*17. MINERAIS PYRITEUX :

D'argent : sulfure, généralement mélangé à d'autres minerais ;

De cuivre : la pyrite de cuivre ⎫
De plomb : la galène ⎬ (sulfures) ;
De zinc : la blende ⎭

De nikel : la nikeline (arséniure) ;

D'antimoine : la stibine (sulfure) ;

De mercure : le cinabre (sulfure).

*18. On traite généralement les minerais oxygénés par le charbon, à une haute température ; il s'empare de l'oxygène, le métal fond et se rassemble à la partie inférieure du fourneau.

*19. On fait chauffer les minerais pyriteux au contact de l'air (grillage). Leur soufre ou arsenic brûle en partie et ils sont ramenés à l'état de composés oxygénés.

Le mercure fait exception, son sulfure se décompose directement par la chaleur.

20. *Traitement particulier du fer*. Le fer se combine au charbon sous l'influence de la température élevée du haut fourneau, et donne la *fonte*, combinaison plus fusible que le fer.

21. Le fer pur s'obtient en brûlant en totalité le carbone de la fonte dans un four appelé *four à puddler* ; il est alors poreux et il faut le marteler pour le comprimer, afin qu'il acquière la consistance nécessaire (*marteau-pilon*).

22. L'*acier* est une combinaison de fer et de charbon moins carburée que la fonte. On l'obtient : ou bien en combinant du charbon au fer (ancien procédé dit de *cémentation*), ou bien en décarburant seulement en partie la fonte (*acier Bessemer*).

23. On augmente la dureté de l'acier par la *trempe* (refroidissement brusque) ; mais alors il n'est plus malléable ni tenace. On recuit à divers degrés l'acier destiné à la confection des outils, pour lui rendre plus ou moins de souplesse suivant les usages auxquels il est destiné.

ALLIAGES.

24. Les alliages sont des mélanges en proportions variables de métaux divers. On les forme en fondant les métaux ensemble. Les principaux sont :

25. Alliages des monnaies et de la bijouterie : — or ou argent unis à un peu de cuivre.

Bronze : — cuivre et étain.

Laiton ; — cuivre et zinc.

Soudure : — étain et plomb.

Nikel ou métal blanc : — nikel et cuivre.

26. Propriétés des alliages. — Ils sont en général plus durs, moins tenaces, moins ductiles, moins malléables et plus fusibles que les métaux constituants.

27. Le fer-blanc est formé par des feuilles de tôle de fer chauffées au rouge et trempées dans un bain d'étain fondu. Ce dernier métal pénètre dans les aspérités du fer et en recouvre les deux faces.

QUESTIONNAIRE.

Les métaux.

1. Quelles sont les propriétés spéciales des métaux ? — 2. Qu'est-ce que la ténacité ? — 3. la malléabilité ? — 4. Citez des applications ? — 5. Qu'est-ce qu'un laminoir ? — 6. En quoi consiste la propriété de ductilité ? — 7. Comment fabrique-t-on les fils métalliques ? — 8. Quels sont les métaux les plus inaltérables ? — 9. En quoi consiste le phénomène de l'oxydation ? — 10. Quelle différence le fer présente-t-il avec les autres métaux ? — 11. Comment préserve-t-on les métaux de l'oxydation ?

Extraction des métaux.

12. Qu'appelle-t-on métaux natifs ? — 13. minerais ? — 14. Quelle préparation préliminaire doit-on faire subir aux métaux et aux minerais ? — 15. En combien de classes peut-on diviser les minerais ? — 16. Citez les minerais oxygénés. — 17. Les minerais pyriteux. — 18. Comment traite-t-on les premiers ? — 19. Comment traite-t-on les seconds ? — 20. Que se passe-t-il dans le traitement particulier du fer ? — 21. Comment obtient-on le fer pur ? — 22. Qu'est-ce que l'acier ? — 23. Comment augmente-t-on sa dureté ?

Alliages.

24. Qu'est-ce qu'un alliage ? — 25. Citez les principaux alliages. — 26. Quelles sont les propriétés des alliages ? — 27. Qu'est-ce que le fer-blanc ?

SIXIÈME LEÇON

Composés métalliques les plus importants,

POTASSE ET SOUDE.

1. **Potasse** et **Soude caustiques** : hydrates des oxydes de potassium et de sodium (KO, HO ; NaO, HO).

Carbonates de potasse et de **soude** (KO, CO² ; NaO, CO²). — Ces sels sont désignés dans le commerce par les simples noms de *potasse* et de *soude;* ce dernier s'appelle aussi *cristaux.* Le carbonate de potasse s'extrait de la cendre des végétaux ordinaires, le carbonate de soude, de la cendre des végétaux marins. On prépare aussi la soude en décomposant le sulfate de soude par le charbon et l'acide carbonique (procédé Leblanc).

2. **Chlorure de sodium** (Na, Cl). — C'est le *sel marin.* L'eau de la mer contient 2 à 3 p. 100 de chlorure de sodium, que l'on en retire en faisant évaporer l'eau dans les *marais salants.* Le sel *gemme* est celui que l'on trouve dans le sein de la terre. On l'en extrait directement s'il est en assez grande quantité ; sinon on creuse un puits jusqu'à la couche salifère, et on y introduit de l'eau que l'on retire ensuite avec des pompes.

*Les principales exploitations salines sont : en France, dans l'Est (Vosges et Jura) et au pied des Pyrénées, à Dax ; à l'étranger, celles de Vieliczka (Pologne) et Cardone (Espagne).

CHAUX.

3. **Chaux** (CaO). — Oxyde du métal calcium. Propriété essentielle : se combine à l'eau pour donner un hydrate qui se solidifie à l'air (préparation du mortier).

4. On appelle *chaux grasse* la chaux pure ; *chaux hydraulique* celle qui contient un peu d'argile et durcit sous l'eau. Les ciments proviennent de la calcination de calcaires argileux.

5. La chaux se prépare en décomposant le carbonate de chaux par la chaleur (fours à chaux).

6. **Carbonate de chaux** (CaO, CO^2). — Pierre calcaire, craie, marbre. Le marbre blanc est du carbonate de chaux en petits cristaux agglomérés.

7. **Sulfate de chaux** (CaO, SO^3). Plâtre. — La prise du plâtre est due à sa combinaison avec l'eau. Le plâtre se fabrique en chauffant le *gypse*, qui est du sulfate de chaux hydraté naturel.

Le gypse très pur s'appelle aussi *albâtre*.

ALUMINE.

8. **Alumine**, oxyde d'aluminium (Al^2O^3). — Se rencontre à l'état pur dans le *corindon* (pierre précieuse) et l'*émeri*. C'est le corps le plus dur après le diamant.

9. **Sulfate d'alumine** $(Al^2O^3, 3SO^3)$ et **alun**, sulfate double d'alumine et de potasse. — Ces deux sels sont employés en teinture pour fixer les couleurs sur les étoffes (mordants).

10. **Silicate d'alumine**. — L'argile ou terre glaise est

constituée par du silicate d'alumine combiné à de l'eau.
A la chaleur rouge elle perd son eau sans pouvoir la
reprendre (cuisson des briques, des poteries).

INDUSTRIE CÉRAMIQUE.

11. On appelle **céramique** tout ce qui concerne la
fabrication ou l'ornementation des terres cuites et de la
porcelaine.

12. La **porcelaine** est fabriquée avec une argile très
pure appelée *kaolin;* elle est toujours blanche. Les
poteries plus grossières sont généralement colorées en
rouge ou en noir.

13. Toutes les terres cuites sont poreuses après la
cuisson; pour les rendre imperméables on les recouvre
de divers enduits : 1° les vernis des poteries grossières
et l'émail de la faïence blanche, constitués par des sili-
cates de plomb et divers oxydes métalliques; ils sont
généralement peu durs; 2° l'émail ou *couverte* de la
porcelaine, exclusivement formé de *feldspath* qu'on fait
fondre à la surface par une deuxième cuisson, et qui est
très dur.

*Les principaux gisements de kaolin et de feldspath
en France sont aux environs de Saint-Yrieix (Haute-
Vienne).

VERRERIE.

14. Le **verre ordinaire** est un mélange de silicate de
soude et de silicate de chaux. Les matières premières
fondues ensemble sont le sulfate de soude, le carbonate
de chaux et le sable ou acide silicique.

15. Le cristal est un mélange de silicate de potasse et de silicate de plomb. Matières premières : des cendres (carbonate de potasse), le minium (oxyde de plomb) et du sable blanc très pur ou du quartz cristallisé.

16. Le verre ordinaire se travaille toujours par le procédé du soufflage. Le cristal est coulé en plaques pour la fabrication des glaces.

COMPOSÉS DES MÉTAUX USUELS.

17. *Oxydes de fer* : sanguine, colcothar, ocre rouge. L'ocre jaune est un oxyde de fer combiné à de l'eau.

Sulfate de fer, vitriol vert ou couperose verte.

18. *Sulfate de cuivre*, vitriol bleu; *acétate de cuivre,* vert de gris.

19. *Oxydes de plomb :* litharge et minium; *carbonate de plomb,* céruse; *acétate de plomb,* sel de saturne, eau blanche.

20. *Oxyde de zinc,* blanc de zinc.

21. Tous les composés métalliques autres que ceux du fer sont vénéneux. Cependant le prussiate jaune de potasse (ferrocyanure de potassium) et le *bleu de Prusse* que l'on prépare avec ce corps sont dangereux quoique renfermant du fer, parce qu'ils contiennent un agent très toxique, le *cyanogène.*

QUESTIONNAIRE.

1. Qu'est-ce que la potasse et la soude caustiques? — les carbonates de potasse et de soude? — 2. le chlorure de sodium? — Où sont situées les principales exploitations de sel gemme? — 3. Qu'est-ce que la chaux? —

4. Qu'appelle-t-on chaux grasse, chaux hydraulique, ciments? — 5. Comment prépare-t-on la chaux? — 6. Qu'est-ce que le carbonate de chaux?— 7. le sulfate de chaux? — 8. Où se rencontre l'alumine? — 9. Qu'est-ce que le sulfate d'alumine et l'alun? — 10. Citez un silicate d'alumine.— 11. Qu'est-ce que la céramique? — 12. De quoi est formée la porcelaine? — 13. Comment rend-on les terres cuites imperméables? — Où sont les principaux gisements de kaolin et de feldspath. — 14. Qu'est-ce que le verre ordinaire? — 15. le cristal? — 16. Comment travaille-t-on ces produits? — 17. Quels sont les composés usuels du fer? — 18. du cuivre?— 19. du plomb?— 20. du zinc? — 21. Ces corps sont-ils tous vénéneux?

SEPTIÈME LEÇON

Chimie organique.

1. Les corps composés qui se rencontrent dans les végétaux et les animaux sont essentiellement formés d'un petit nombre d'éléments : le *carbone*, l'*hydrogène*, l'*oxygène* et l'*azote*.

COMPOSÉS QUI NE RENFERMENT PAS D'AZOTE.

2. **Cellulose.** — Substance qui forme les tissus des végétaux; toujours solide, insoluble dans l'eau. — Fibres textiles du lin, du chanvre, du coton, etc.

3. **Papier.** — Le papier est un feutrage de petits filaments végétaux auxquels on ajoute un peu de gélatine ou d'autres substances agglutinatives. La fabrication du papier de chiffons comprend : le lessivage, le déchirage des tissus et la mise en pâte, le blanchiment au moyen

du chlore. La pâte est ensuite étalée sur une toile métallique, puis saisie entre des cylindres chauffés qui la compriment et la sèchent.

4. **Matière amylacée.** — Elle se rencontre en petits grains ovoïdes dans certaines parties des végétaux *(amidon, fécule)*. Insoluble dans l'eau froide, se gonfle en produisant une sorte de gelée dans l'eau chaude.

5. **Sucres.** — Corps très solubles dans l'eau, à saveur douce caractéristique. Les principaux sucres sont : le *sucre* dit *cristallisable,* extrait de la canne et de la betterave ; les *sucres* de *fruits,* raisin, pomme, etc. ; le *miel,* que les abeilles vont recueillir dans les fleurs, et le *sucre* de *lait.*

Le *glucose* ou sucre provenant d'une transformation subie par la matière amylacée.

6. **Transformation de la matière amylacée en sucre.** — La *matière amylacée* soumise à une ébullition prolongée dans de l'eau contenant de l'acide sulfurique, se transforme d'abord en *dextrine*, substance analogue à la gomme, puis en sucre ou glucose.

7. Dans le phénomène de la germination, l'amidon des graines se transforme également en glucose sous l'influence de la *diastase*, substance azotée qui se développe dans la graine au moment de la maturité.

8. **Fermentation alcoolique.** — Le sucre se transforme en *alcool* et en *acide carbonique* sous l'influence des *ferments* (organismes microscopiques qui vivent et se reproduisent dans les solutions sucrées). (Voir notes de Botanique.)

9. **Alcool.** — Liquide incolore, d'une odeur agréable et d'une saveur brûlante ; bouillant à 78 degrés centi-

grades, combustible; produisant en brûlant de la vapeur d'eau et de l'acide carbonique.

10. L'alcool dissout très bien certains corps insolubles dans l'eau, les résines par exemple (vernis à l'alcool).

11. On donne le nom d'*eau-de-vie* à des mélanges d'alcool et d'eau qui ne renferment environ que la moitié de leur volume d'alcool pur. Au-dessus de cette proportion ces mélanges s'appellent *esprits*.

12. Le *vin*, la *bière*, le *cidre*, etc., sont des liquides obtenus par fermentation; c'est en les distillant qu'on produit les eaux-de-vie et les esprits.

L'alcool contenu dans le vin et le cidre se forme aux dépens du sucre qui existe dans le jus du raisin et celui de la pomme.

L'alcool de la bière provient d'un sucre obtenu par la transformation de la matière amylacée de l'orge.

13. **Vin.** — Le vin contient, outre l'alcool, une certaine quantité d'acide tartrique uni à de la potasse, du sucre, une matière colorante et un principe volatil odorant; les quantités de ces diverses substances varient avec la provenance.

(Voir, pour la fabrication du vin, les notes d'Histoire naturelle, *Botanique*).

14. Les vins mousseux sont renfermés dans les bouteilles avant que la fermentation soit achevée : ils conservent ainsi, sous pression, l'acide carbonique qui s'en dégage.

15. **Bière.** — La préparation de la bière comprend deux opérations distinctes :

1º *Germination de l'orge*. — Cette opération a pour but de produire la diastase. L'orge germée est moulue à la manière ordinaire ; la farine qui en résulte s'appelle *malt* ;

2° *Brassage.* — Le malt est mis en suspension dans de l'eau tiède où l'amidon se transforme en sucre ; puis on y sème le ferment (la levure), qui s'y développe en produisant aux dépens du sucre, de l'alcool et de l'acide carbonique ; on refroidit alors pour éviter l'acidification.

Le goût amer et le parfum caractéristique de la bière lui sont donnés par une décoction de fleurs de houblon ajoutée au moment du brassage.

16. Corps gras. — Les corps gras (suif, graisses, huiles) renferment tous un même principe, la *glycérine*, unie à des acides divers appelés *acides gras*.

17. *Glycérine.* Liquide incolore, un peu visqueux, combustible, à saveur sucrée, se mêlant à l'eau.

18. *Acides gras.* Corps facilement fusibles, non volatils, insolubles dans l'eau. L'acide *stéarique* extrait du suif sert à la confection des bougies.

19. Savons. — Combinaison d'un acide gras avec une base métallique.

Savon de Marseille. — Combinaison de l'acide de l'huile d'olive (acide oléique) avec la soude.

Savon de palme. — Acide palmitique et soude.

Savon mou ou *savon noir.* — Acide oléique et potasse.

COMPOSÉS AZOTÉS.

20. Les composés azotés peuvent se subdiviser en deux groupes : les *alcaloïdes* et les *albuminoïdes*.

21. Les **alcaloïdes** se rencontrent dans le règne

végétal, la plupart d'entre eux sont des poisons éner-
giques, plusieurs sont employés en médecine : *quinine,
morphine, codéine, nicotine*, etc.

22. Les **albuminoïdes** se rencontrent aussi bien dans
le règne végétal que dans le règne animal, ils constituent la majeure partie de notre nourriture; les principaux sont :

23. L'*albumine* dans le sang, le blanc d'œuf; elle
sert à la clarification des vins.

24. La *fibrine* dans la chair et le sang des animaux.

25. La *gélatine;* s'obtient en faisant bouillir dans
l'eau les os, les tendons, etc.

26. La *caséine,* existe à l'état soluble dans le lait.
Elle devient insoluble et se sépare du lait par l'action de la présure, sorte de ferment qui sert à la
fabrication du fromage.

27. **Le lait** se compose d'eau tenant en dissolution de
la caséine et du sucre de lait, et dans laquelle se trouvent en suspension de petits globules de matière grasse.
Celle-ci se rassemble à la partie supérieure par le repos
et constitue la crème, puis le beurre quand elle est ag-
glomérée.

28. Le *gluten* se trouve dans la farine, mélangé avec
l'amidon.

29. **Panification.** — La farine mêlée à l'eau donne
une pâte qui, si elle était soumise immédiatement à la
cuisson, donnerait un pain compact et dur, d'une diges-
tion difficile. On lui incorpore un ferment, le *levain;*
c'est une portion de la pâte provenant de l'opération de
la veille, et qui a été abandonnée à elle-même pendant

24 heures à une température modérée. Dans les villes, on ajoute souvent au levain un peu de levure de bière qui le rend plus actif. Le ferment, en agissant sur l'a-midon et le peu de glucose qui s'est formé dans le pé-trissage, produit des gaz qui boursouflent la pâte et donnent de l'élasticité au gluten. Après la cuisson le pain reste boursouflé. La croûte atteint une température de 200 degrés environ, aussi est-elle presque torréfiée, mais la mie n'a pas dépassé la température de l'eau bouillante.

QUESTIONNAIRE.

1. Quels sont les éléments qui se trouvent dans les composés organi-ques? — 2. Qu'est-ce que la cellulose? — 3. Comment est formé le pa-pier? — 4. Où se rencontre la matière amylacée? — 5. Quels sont les corps qu'on désigne sous le nom de *sucres*? — 6. Quelles sont les trans-formations que peut subir la matière amylacée? — 7. Que se passe-t-i dans la germination des graines? — 8. En quoi consiste la fermentation alcoolique? — 9. Qu'est-ce que l'alcool? — 10. Quels sont les corps qu'il dissout? — 11. Quels sont les liquides auxquels on donne le nom d'*eau-de-vie* et d'*esprits*? — 12. Comment s'obtiennent le vin, la bière et le cidre? — 13. Quelles sont les substances que contient le vin?—14. Com-ment se font les vins mousseux? — 15. Comment se prépare la bière?

16. Quelle est la composition des corps gras? — 17. Qu'est-ce que la glycérine? — 18. Les acides gras? — 19. Qu'appelle-t-on *savons*? — 20. Comment se subdivisent les composés azotés? — 21. Où se rencon-trent les alcaloïdes? — 22. Les albuminoïdes? — 23. Où trouve-t-on l'al-bumine? — 24. La fibrine? — 25. Comment obtient-on la gélatine? — 26. Qu'est-ce que la caséine? — 27. De quoi se compose le lait? — 28. Où se trouve le gluten? — 29. Comment fabrique-t-on le pain?

www.ingramcontent.com/pod-product-compliance
Lightning Source LLC
Chambersburg PA
CBHW072315210326
41519CB00057B/5081

* 9 7 8 2 0 1 3 7 3 3 3 3 5 *